动物
实验实用手册

董鹏程 王 瑜 李润林 主编

中国农业科学技术出版社

图书在版编目（CIP）数据

动物实验实用手册 / 董鹏程，王瑜，李润林主编. —
北京：中国农业科学技术出版社，2024.12. -- ISBN
978-7-5116-7242-1

Ⅰ. Q95-33

中国国家版本馆CIP数据核字第2024MJ9932号

责任编辑	贺可香
责任校对	李向荣
责任印制	姜义伟　王思文

出 版 者	中国农业科学技术出版社
	北京市中关村南大街12号　　邮编：100081
电　　话	（010）82106638（编辑室）　　（010）82106624（发行部）
	（010）82109709（读者服务部）
网　　址	https://castp.caas.cn
经 销 者	各地新华书店
印 刷 者	北京建宏印刷有限公司
开　　本	185 mm×260 mm　1/16
印　　张	12.25
字　　数	320千字
版　　次	2024年12月第1版　2024年12月第1次印刷
定　　价	78.00元

◆◆◆ 版权所有·侵权必究 ◆◆◆

《动物实验实用手册》
编委会

主　编：董鹏程　中国农业科学院兰州畜牧与兽药研究所
　　　　王　瑜　中国农业科学院兰州畜牧与兽药研究所
　　　　李润林　中国农业科学院兰州畜牧与兽药研究所
副主编：汪文琦　甘肃省实验动物管理委员会办公室
　　　　陈　靖　中国农业科学院兰州畜牧与兽药研究所
　　　　杨　晓　中国农业科学院兰州畜牧与兽药研究所
　　　　汪晓斌　中国农业科学院兰州畜牧与兽药研究所
　　　　张　茜　中国农业科学院兰州畜牧与兽药研究所
　　　　刘丽娟　中国农业科学院兰州畜牧与兽药研究所
　　　　王正娟　兰州市肺科医院
　　　　王　宁　兰州市第三人民医院
参　编：罗金印　中国农业科学院兰州畜牧与兽药研究所
　　　　杨雅媛　中国农业科学院兰州畜牧与兽药研究所
　　　　宋玉婷　中国农业科学院兰州畜牧与兽药研究所
　　　　牛晓荣　中国农业科学院兰州畜牧与兽药研究所
　　　　李　玲　通渭县动物疫病预防控制中心
　　　　武凡琳　中国农业科学院兰州畜牧与兽药研究所
　　　　吕亚楠　中国农业科学院兰州畜牧与兽药研究所
　　　　武小虎　中国农业科学院兰州畜牧与兽药研究所
　　　　王学红　中国农业科学院兰州畜牧与兽药研究所
　　　　杜鹏程　研究生
　　　　路　顿　研究生
　　　　杨馨郁　研究生
　　　　金炳甜　研究生

前 言
PREFACE

21世纪人类已步入生命科学新时代,实验动物学作为生命科学不可或缺的一部分,它为人类健康、生物医学研究和教育提供了重要的资源和工具。随着生命科学飞速发展,越来越多生命科学研究离不开实验动物。实验动物被称为"活的试剂""活的精密仪器",被广泛应用于医学、农学、畜牧兽医学、营养学、食品卫生以及生命科学、国防科技等领域。实验动物是国家或地区科技创新发展的战略性资源之一,是实现科技进步、促进经济社会可持续发展、提高我国科技国际地位的基础性支撑条件。

为了规范动物实验操作,确保实验过程的标准化和规范化,减少因操作不当带来的误差和实验结果的不可重复性。帮助实验人员掌握正确的实验技术和方法,提高实验的成功率和质量,为科学研究提供可靠的数据支持。指导实验人员在实验过程中合理对待实验动物,减少动物的痛苦和不适,提高动物福利水平。同时也为了提升实验动物从业人员的素质,提高实验人员的安全意识,减少实验过程中的安全风险。中国农业科学院兰州畜牧与兽药研究所组织专家编写了本书。本书为实验动物从业人员上岗培训教材。全书共计十章,分别为:绪言、实验动物鼠、实验动物鸡、实验动物猪、实验动物兔、实验动物犬、实验动物猫、动物实验基本操作技术、实验动物生物安全和操作规程和管理制度。本书参考了国内外相关学科的丰富资料,借鉴了国内外相关学科教学和培训内容,系统介绍了实验动物基础知识和动物实验基本操作技术,以及实验动物在医学科学研究中的应用知识,紧紧围绕基础性、系统性、实用性,深入浅出、通俗易懂地介绍了实验动物学基础知识和实验技术,供实验动物饲育管理人员和应用实验动物进行科学研究的科技工作者和学生使用。

在本书的编写过程中,由于时间仓促,加之参编人员水平有限,虽然经过精心修改和审核,力求做到精准,但难免出现错误和疏漏之处,望广大专家、学者见谅,在此恳请各位专家、学者批评斧正,我们将及时修订和补充,以便再版时修改。

编 者

中国农业科学院兰州畜牧与兽药研究所动物实验室简介

中国农业科学院兰州畜牧与兽药研究所动物实验室成立于2007年,位于兰州市七里河区大洼山[1]号综合试验基地,同年获得甘肃省科技厅颁发的实验动物使用许可证,许可证号:SYXK(甘)2019—0002。可以使用的实验动物有SPF大、小鼠和普通级实验兔、豚鼠、鸡、犬、猪、羊、牛、猫。

动物实验室总占地面积4 440 m^2,其中办公用房120 m^2,功能实验室400 m^2,SPF屏障环境动物实验室280 m^2,P2动物实验室140 m^2,普通级动物实验室3 500 m^2。其中屏障环境大鼠饲养室2间,最大收容量3 600只;小鼠饲养室2间,最大收容量5 000只。普通级实验兔饲养室2间,最大收容量120只;犬饲养室2间,最大收容量48只;猫饲养室2间,最大收容量160只。牛羊畜禽舍1 720 m^2,最多容纳牛48头,最多可容纳羊120只;鸡猪畜禽舍800 m^2,最多可容纳猪100头,最多可容纳鸡800只。实验室能够满足各类动物实验所需。

动物实验室依托中国农业科学院兰州畜牧与兽药研究所,2018年申报通过15个兽药临床试验项目(兽药GCP)和4个非临床试验项目(兽药GLP),成为中国农业科学院和甘肃省首家通过认证的单位。2022年又申报通过3个兽药临床试验项目(兽药GCP),目前现有兽药GCP项目18项,兽药GLP项目4项。

动物实验室现有工作人员12人,其中正式职工4人(其中正高级职称1人,副高级职称3人,1人具有博士学位,2人具有硕士学位),主要负责实验动物使用设施管理工作。聘用人员6人,具有大专及高中文化程度,主要负责实验动物饲喂和实验室保洁。

动物实验室制定各类管理制度28项,操作规程15项,管理制度完善。采用"独立运行、统一管理、资源共享、有偿服务"的运行模式。严格遵守国家和地方实验动物相关法律法规和标准,保障实验动物的质量和安全,确保动物设施的正常运行,为实验动物提供符合实验动物福利的生存环境,为实验动物项目的顺利开展提供强有力的支撑,同时保护环境,保障实验动物从业人员的职业健康安全。

目 录
CONTENTS

第一章　绪　言 …………………………………………………………………… 1

第二章　实验动物鼠 ……………………………………………………………… 5

　第一节　小鼠 …………………………………………………………………… 5

　第二节　大鼠 …………………………………………………………………… 22

　第三节　豚鼠 …………………………………………………………………… 32

第三章　实验动物鸡 ……………………………………………………………… 41

第四章　实验动物猪 ……………………………………………………………… 45

第五章　实验动物兔 ……………………………………………………………… 57

第六章　实验动物犬 ……………………………………………………………… 69

第七章　实验动物猫 ……………………………………………………………… 75

第八章　动物实验基本操作技术 ………………………………………………… 80

　第一节　实验动物的给药途径和方法及药量计算方法 ……………………… 80

　第二节　实验动物常见采血和采液方法 ……………………………………… 83

　第三节　实验动物常规检查的指标和方法 …………………………………… 99

　第四节　实验动物的分组与编号 ……………………………………………… 102

　第五节　实验动物麻醉方法 …………………………………………………… 104

　第六节　实验动物的术后护理和处死方法 …………………………………… 109

　第七节　实验动物脏器标本采集与检查 ……………………………………… 112

第九章　实验动物的生物安全 …… 118

第一节　生物安全的概念 …… 118
第二节　实验动物传染病危害 …… 120
第三节　实验动物从业人员的职业安全及个人防护 …… 121
第四节　实验动物突发重大事件应急处理 …… 128

第十章　操作规程和管理制度 …… 134

第一节　操作规程 …… 134
第二节　管理制度 …… 161

参考文献 …… 186

第一章 绪 言

一、实验动物（Laboratory animal）基本概念及分类方法

实验动物的定义：经人工培育，对其携带微生物和寄生虫实行控制，遗传背景明确或者来源清楚，用于科学研究、教学、生产、检定以及其他科学实验的动物。

实验动物的分类方法：可以按遗传学控制和微生物学来分类。

二、按遗传学控制分类

（一）近交系（Inbred strain）

1. 定义

经连续20代或20代以上的全同胞兄妹交配或亲子交配培育而成，品系内所有个体都可追溯到第20代或以后代数的一对共同祖先，近交系数大于99%。

2. 近交动物的特征

（1）基因位点的纯合性：近交系动物经20代以上近交培育后，其任何一个基因位点上的纯合概率高达98.6%以上，品系内个体能繁殖出完全一致的纯合子后代。

（2）遗传组成的同源性：一个近交系内，所有动物都可追溯到其原始的一对共同的祖先。这种同源性在经过近交培育以后，只来源于共同祖先的一个拷贝，所以近交品系中任意两个个体之间的基因型都是相同的。

（3）表型的一致性：由于遗传上的同源性，近交品系内个体在表型上极为相同，尤其是那些高度由遗传决定的生物学特征。近交系表型上的一致性使得使用较少量的动物即可达到统计学的精确程度。

（4）长期的遗传稳定性：近交系动物虽然在遗传上并不是绝对稳定不变，但是人为选择不会改变其基因型，个体遗传变异仅发生在少量残留杂合基因作用、基因突变和遗传污染三种情况下。

（5）遗传特征的可分辨性：近交系一旦培育成功，动物群体内几乎不再存在遗传多态性，即每个位点只有一种基因类型，而不会存在其他的等位基因。采用遗传监测方法，对动物品系随时随地进行辨认，可以轻而易举地将混合在一起的两个外貌近似的品系分辨出来。

（6）对外界因素的敏感性：近交系由于高度近交而降低其在某些生理过程中的稳定性，使其对外界因素的变化更为敏感。近交系的这一特征，使其更容易成为模型动物为研

究所用。但这一特征的缺点是在饲养和实验过程中,由于很难控制外界因素对每只动物都完全相同,从而导致对实验处理的反应不同。

(7)遗传组成的独特性:自然界动物的基因以纯合或杂合状态等多种形式存在,而近交系动物的基因由于纯化而仅有其祖先基因的一部分。所以每个近交品系在遗传上都是独特的,具有独特的表型特征。

(8)分布的广泛性:大部分近交系动物都已分布在世界各地,使各国研究者可以饲养和使用在遗传上几乎完全相同的标准近交系动物,这从理论上保证了不同地区、不同国家的科学家有可能去重复或验证已取得的数据。

(9)资料的可查性:由于近交系动物在培育和保种的过程中都有详细记录,加之这些动物分布广泛,经常使用,已有相当数量的文献记载着各个品系的生物学特征,这些基本数据为设计新的实验和解释实验结果提供了便利条件。

(10)生活力:由于近交衰退,近交系一般具有较低的生育力和生活力。这一特征也使动物不能接受剧烈的实验处理,如大剂量的毒性实验等。同时,这一特征使得近交系繁殖力低,产仔数少,对环境变化的适应性弱,很容易断种,需要严格的饲养管理,相对来说生产和实验的成本较高

(二)封闭群(Closed colony)

1. 定义

以非近亲配种方式进行繁殖生产的一个种群,在不从外部引入新血缘条件下,连续繁殖4代以上称封闭群。

2. 封闭群的特点

(1)由于非近交,具有杂合性,从而避免近交衰退的出现。
(2)由于没有引进新的血缘,种群间遗传特性能保持相对稳定。
(3)群内个体间,因其具有杂合性,所以个体间的反应性具有差异,重复性和一致性不如近交系。

二、按微生物学分类

1. 普通级动物[Conventional(CV)animal]

不携带所规定对动物和(或)人健康造成严重危害的人畜共患病原体和动物烈性传染病病原体的实验动物。

2. 无特定病原体动物[Specific pathogen-free(SPF)animal]

除普通动物应排除的病原外,不携带对动物健康危害大和(或)对科学研究干扰大的病原体的实验动物。饲育在屏障系统中。笼具、饲料、饮水都要经过特殊处理,并有严格的检疫、消毒、隔离制度。国外所做的科研实验主要使用SPF动物。

3. 无菌动物[Germ-free(GF)animal]

动物机体内外不带有任何用现有方法可检验出微生物或寄生虫的动物。

4. 悉生动物（Gnotobiotic animal）

动物体内所携带生命体（病毒、细菌、真菌、原虫和寄生虫）是已知的，也叫已知菌动物。

三、实验动物的设施

用于实验动物培育、生产、饲养、实验及应用的建筑物和设备的总和。

（一）设施的分类

1. 开放环境（Open environment）

实验动物的生存环境直接与大气相通。设施不是密闭的，其环境内外气体交流有多条空气通道，设施内无空气净化装置，开放环境是饲养普通动物的设施，其环境和对微生物的控制能力差，各种环境指标要求，允许的变动范围较大。环境内不采用对人、物、动物、气流单向流动的控制措施。开放环境的构造和功能应饲养不同动物品种而有一定的区别。

2. 屏障环境（Barrier environment）

动物生活在气密性很好的设施环境内，设施内外空气交流只能通过特定的通道进入和排出。

屏障环境用来饲养SPF动物。动物来源于无菌、悉生动物或SPF动物种群。一切进入屏障的人、动物、饲料、水、空气、铺垫物和各种用品均需经过严格的微生物控制。进入的空气需过滤，过滤按屏障环境防止污染的要求不同而略有差别。屏障环境内通常设有供清洁物品和已使用物品流通的清洁走廊与污物走廊。空气、人、物品、动物的走向，采用单向流通路线。利用空调送风系统形成清洁走廊-动物房-污物走廊-室外的静压差梯度，以防止空气逆向形成的污染。屏障环境内人和动物尽量减少直接接触。工作人员要走专门通道，工作时应戴消毒手套，穿着灭菌工作服等防护用品。

3. 隔离环境（Isolation environment）

隔离环境是一个隔离器（Isolator）为主体及其他附属装置组成的饲养系统，送入的全新风要经百级以上洁净度过滤，一切物品都要经严格灭菌后经传递仓送入，饲养人员不得入内。

隔离系统是饲养无菌动物和悉生动物所使用的设施。在普通清洁环境中利用隔离器加以饲养，由于隔离器内温、湿度由外界环境决定，所以放置隔离器的饲养室环境需用空调控制。为了保证动物饲养空间完全处于无菌状态，人不能和动物直接接触，工作人员通过附着隔离器上的橡胶手套进行操作。隔离器的空气进入要经过超高效过滤（$0.5\mu m$微粒，滤除率99.97%）。一切物品的移入均需通过灭菌渡舱。并且事先包装消毒。隔离器内的动物来自剖腹取胎。

（二）P级实验室

P1级动物实验室是指从事对人体、动植物或环境危害较低，不具有对健康成人、动植物致病的致病因子。生物危害程度为低个体危害，低群体危害。建筑不需要与其他房间用通道隔离。是进行普通微生物实验的动物实验室，对工作人员的进出要求不严，一般在实验台上操作，不要求使用或经常使用专用封闭设备。实验人员经过与该室有关工作的培训，并由经微生物学或有关学科培训的科研人员监督管理。

P2级动物实验室是指对人体、动植物或环境具有中等危害或具有潜在危险的致病因子，对健康成人、动物和环境不会造成严重危害，有有效的预防和治疗措施。生物危害程度为中等个体危害，有限群体危害。要求在限定区域修建，并有高压蒸汽灭菌设备。

P3级动物实验室是指对人体、动植物或环境具有高度危害性，通过直接接触或气溶胶使人传染上严重的甚至是致命疾病，或对动植物和环境具有高度危害的致病因子。通常有预防和治疗措施。生物危害程度为高个体危害，低群体危害。

P4级动物实验室是指对人体、动植物或环境具有高度危害性，通过气溶胶途径传播或传播途径不明，或未知的、高度危险的致病因子。没有预防和治疗措施。生物危害程度为高个体危害，高群体危害。

第二章 实验动物鼠

第一节 小鼠

一、小鼠在生物医学研究中的应用

（一）各种药物的毒性试验

如急性毒性试验、亚急性和慢性毒性试验、半数致死量的测定等常选用小鼠。

（二）适合各种筛选性实验

一般筛选实验动物用量较大，多半是先从小鼠开始，可以不必选用纯系小鼠，杂种健康成年小鼠即可符合实验要求，如筛选一种药物对某一疾病或疾病的某些症状等有无防治作用时，选用杂种鼠可以观察一种药物的综合效果，因杂种鼠中血缘关系有比较近的，也有比较远的，对药物反应可能有敏感的、次敏感的、不太敏感的，通过筛选获得一种药物的综合效果后，再用纯系小鼠或大动物作进一步的肯定。

（三）生物效应测定和药物的效价比较实验

如广泛用于血清、疫苗等生物鉴定工作，照射剂量与生物效应实验，各种药物效价测定（通过供试品和相当的标准品在一定条件下进行比较，以定出供试品的效价）等实验。

（四）微生物、寄生虫病学的研究

因小鼠对多种病原体具有易感性，适用于研究感染血吸虫、疟疾、马锥虫、流行性感冒、脑炎、狂犬病等。

（五）肿瘤、白血病研究

目前小鼠已广泛地用于癌症、肉瘤、白血病以及其他恶性肿瘤的研究。如常选用小鼠的各种自发性肿瘤作为筛选抗肿瘤药的工具，这些小鼠自发肿瘤从肿瘤发生学上来看，与人体肿瘤接近，进行药物筛选比移植性肿瘤可能更为理想。如C3H小鼠自发乳腺癌发生率高达90%，AKR小鼠白血病的自发率很高等。此外，也常用小鼠诱发各种动物肿瘤模型，进行肿瘤病因学、发病学和防治研究。如常用甲基胆蒽诱发小鼠胃癌和宫颈癌，用二乙基亚硝胺诱发小鼠肺癌等。

（六）避孕药和营养学实验研究

小鼠的繁殖能力很强，妊娠期很短，仅21 d，生长速度很快，因此很适合避孕药和营养学实验研究。如常选用小鼠进行抗生育、抗着床、抗早孕、抗中孕和抗排卵实验。

（七）镇咳药研究

小鼠在氢氧化铵雾剂刺激下有咳嗽反应，可利用这个特性来研究镇咳药物。因此，小鼠是研究镇咳药物所必需的动物。

（八）遗传性疾病的研究

如小鼠黑色素病，即Chediak-Higashi综合征，为白发性遗传病，与人相似。还有白化病、家族性肥胖，遗传性贫血、系统性红斑狼疮、尿崩症等。

（九）传染性疾病研究

如钩端螺旋体病、霉形体病、巴斯德杆菌病、沙门菌病、淋巴性脉络丛脑膜炎、脊髓灰质炎、日本血吸虫病等。

（十）免疫学研究

如可利用各种免疫缺陷小鼠来研究免疫机制等。

二、小鼠常用品系

（一）近交系

1. A/He

（1）起源。1921年L.C.Strong博士用冷泉港（Cold Spring Harbor）albino白化原种和BaggAlbino白化原种杂交后，近交培育而成。1927年Bittner从Strong博士处获得亚系，1938年引入Heston，1948年引入Jax，1988年引入ILAS（中国医学科学院实验动物研究所）。近交代数：215代（NIH，1984）。

（2）品系特征。①毛色和毛色基因：白化，aa、bb、cc；②组织相容性基因：$He0$、H-$2Dd$、H-$2KK$（A，A/J，A/He，$A/SnSf$，$A/WySN$）；③免疫：40%母鼠有LE细胞（红斑狼疮细胞）和抗核抗体阳性，84%的幼鼠行胸腺切除术后患矮小综合征；④肿瘤：乳腺肿瘤的发病率中等，肺肿瘤的发病率高，网状结缔组织瘤有一定的自发率，肺组织对化学致癌物甲基胆蒽敏感，广泛用于肿瘤学研究；⑤微生物、寄生虫：对麻疹病毒高度敏感，对狂犬病毒、疟原虫、后睾吸虫敏感，能抑制利什曼原虫的感染；⑥生理：血压低，收缩压仅为82 mmHg，红细胞比容48%。平均寿命400 d，SPF级别动物雌、雄分别为512 d和588 d，嗜酒精性低，血清中α-1-抗胰蛋白酶含量极低，骨骼系统年龄差异小。与妊娠有关的牙槽结节性增生发生率高，唇裂和腭裂散在发生，可的松极易诱发出唇裂和腭裂；⑦病理：老年动物有肾病，可自发淀粉样病变，245日龄鼠有中等度听源性癫痫发生率。

2. AKR、AKR/J

（1）起源。最早是洛克菲勒大学以随机交配维持的动物，1928—1936年Furth从宾夕法尼亚州的Noristown一位商人处获得"淋巴瘤病"原种，继而选择培育成白血病高发品系。随后引入洛克菲勒研究所（Rockefeller Institute），随机交配繁殖数代。Phoades夫人将其兄妹交配了9代，之后Lynch. C进行到21代。1948年引入Jax。近交代数：181代（美国NIH，1984）。

（2）品系特征。①毛色和毛色基因：白化，aa、BB、cc、DD；②组织相容性基因：$Hc0$、H-$2Dd$、H-$2KK$；③免疫：缺乏补体C5，容易诱发免疫耐受性，对白血病因子敏感，对百日咳组织胺易感因子敏感，干扰素产量高。带有Thy-$1a$（Thy-1，1）基因（胸腺细胞抗原1）；④肿瘤：淋巴细胞白血病6~8月龄自发率高达70%~90%，AKR/J和AKR/Cum互相排斥彼此自发的淋巴瘤；⑤寄生虫：抑制利什曼原虫感染；⑥生理：血细胞比容为47.6%，收缩压为80 mmHg，血液过氧化氢酶活性高，类固醇浓度低。8~9月龄高达80%~90%，在开放系统中繁殖率低，较难饲养，在无菌和屏障环境中繁殖良好，雌、雄平均寿命分别为312 d和350 d，Oslo亚系有肾上腺皮质类脂质基因缺失，肾上腺类脂质浓度低；⑦病理：8~9月龄易患白细胞增多症，其雌性发生率为90%，雄性为60%。

3. BALB/cAnN

（1）起源。1913年H. Bagg博士获得白化原种。1923年由MacDowell近交培育而成。1932年第26代引入Snell。1935年引入Andervont处。1951年72代引入NIH。1985年180代从NIH引入IMLAS。近交代数：180（NIH，1985），186（Hok，1985）。

（2）品系特征。①毛色和毛色基因：白化，AA、bb、cc、DD；②组织相容性基因：$Hc1$、H-$2Dd$、H-$2Kd$；③免疫：多数个体于6月龄以后出现免疫球蛋白增多症。主要是IgG1和IgA量的增加。干扰素产量低。对百日咳组织胺易感因子敏感。补体活性高。在BALB/cJ鼠中有高水平的α胎蛋白；④肿瘤：乳腺肿瘤发病率低（3%），当用乳腺肿瘤病毒（MTV）诱导时发病率将增高。对矿物油诱导浆细胞瘤敏感。cd亚系9~15月龄两性小鼠双侧肾上腺癌自发率为60%~70%，当移植此腺癌细胞于同系或别系小鼠时能抑制小鼠的生长。35%的动物20~21月龄出现自发性单克隆B细胞肿瘤。偶见甲状腺及间质细胞肿瘤；⑤微生物、寄生虫：对白色念珠菌、蠕虫样的艾美球虫有一定的抵抗力。由于该鼠具有$Hc1$等位基因，所以能抑制新型隐球菌，对麻疹病毒、利什曼原虫、曼氏血吸虫敏感，对立克次体引起的发热敏感。对弓形虫易感；⑥生理：对促性腺激素有超排卵反应。两性小鼠均有动脉硬化症，血压较高，对弓形虫易感。单核一吞噬细胞系统器官与体重之比较大。对X射线极为敏感，对鼠伤寒沙门菌C5敏感，对麻疹病毒中度敏感。与BALB/cJ亚系相比，肾上腺儿茶酚胺合成酶活性较低。BALB/cJ小鼠肾上腺中所含儿茶酚胺合成酶为BALB/cN的两倍，两种小鼠的侵袭习性也不同。老龄鼠易发生心脏病变。耐旋转能力强。雌、雄SPF动物寿命分别为561 d和509 d；⑦病理：易患幼鼠腹泻，两性小鼠均有动脉硬化症。几乎全部20月龄的雄鼠脾脏均有淀粉样变。

4. C3H/He/ola

（1）起源。Strong于1920年用Bagg白化雌鼠与乳腺瘤高发株DBA雄鼠交配而获得。1930年引入Andervont中，经近交35代后，于1941年引入Heston中，1978年引入OLAC中。1985年引入IMLAS。近交代数：160（NIH，1984）。

（2）品系特征。①毛色和毛色基因：野鼠色，AA、BB、CC、DD；②组织相容性基因：H-$2k$、H-$1a$、H-$3b$；③免疫：补体活性高，干扰素产量低，在IgGr的亚类中IgG1和IgG2a为高值，IgG2b为低值。较易诱发免疫耐受性；④肿瘤：乳腺癌发生率在7~8月龄繁殖雌鼠中为97%，在272日龄繁殖鼠群中为84%，是通过乳汁感染，而不是胎盘感染，生活在普通条件下的小鼠乳腺肿瘤发病率为80%~100%，而生活在防护条件下发病率只有7%。白血病雌雄分别为0.5%和14%。肝癌雌雄分别为0%和10%。14月龄自发性发病率高达85%。C3H/HeN肝细胞肝癌发生率41%；⑤寄生虫：能抑制利什曼原虫感染。生理：红细胞及白细胞数较少。皮下注射5%酪蛋白0.5 mL，5次/周，3周后全部患淀粉样变症。血液中过氧化氢酶活性高。带有mg基因（Mahogany，mg，2号染色体，隐性基因），故毛色较正常野鼠色偏红；⑥病理：携带视网膜退化基因（rd）。在普通环境下及幼鼠腹泻。易患心脏钙质沉着。

5. C57BL/6J/ola

（1）起源。1921年Little由Abby Lathrop得到动物后开始近亲交配，育成数个近交系。雌鼠57与雄鼠52交配而得C57BL，用雌鼠58与雄鼠52交配即得C58，1937年分为C57BL/6和C57BL/10两系。1974年从JAX引入LAC，1983年从LAC引入OLAC，1985年引入IMLAS。近交代数：150（Jax，1984）。

（2）品系特征。①毛色及毛色基因：黑色，aa、BB、CC；②组织相容性基因：$Hc1$、H-$2Dk$、H-$2Kb$；③免疫：补体活性高。IgG在20月龄前缓慢增加，IgG2b为高值，IgG1为低值。无菌饲养较普通饲养者IgG绝对量低。IgG为高值，有的个体12个月龄后可超过800μg/mL。无菌饲养的IgM较高。细胞免疫力随增龄较少降低，可能与自发肿瘤较少有关。较易诱发免疫耐受性。干扰素产量高。对百日咳易感因子（pertussis，HSF）敏感；④肿瘤：18月龄以上小鼠各种肿瘤发病率低。14~30月龄鼠中肉眼可见黏液瘤发生率为6%~61%，乳腺癌少发（0%~1%），用致癌剂难以致癌，老龄鼠淋巴瘤自发率为20%~25%，雌鼠白血病为70%~16%，经照射后肝癌发生率高；⑤微生物和寄生虫：对艾美球虫最敏感。对猫后睾吸虫和疟原虫及曼氏血吸虫、白色念珠菌有抗力。对狂犬病病毒、Calmette—Guerin杆菌、结核杆菌敏感，对鼠痘病毒有一定抗力；⑥生理：血细胞比容49.4%，收缩压117 mmHg，强嗜酒性，肝脏中乙醇脱氢酶活性极高，有较强的吗啡嗜好。对己烯雌酚敏感。肾上腺中类脂质浓度低。对放射线抗力中等。寿命最长达1 200 d。雌、雄平均寿命分别为692 d、676 d。注射酪蛋白后易引起淀粉样变症。用可的松可诱发出20%腭裂；⑦病理：在任何一种性别中，都不会发生心脏钙质沉着。对听源性癫痫有抗力。3%咬合错位。12%有眼缺陷，新生仔中雌性的16.8%雄性的3%为小眼或无眼症。有1%脑积水，0.6%出现后肢多趾症。

第二章 实验动物鼠

6. C57BL/6N

（1）起源。1921年Little由AbbyLathrop得到动物后开始近亲交配育成数个近交系。以57号母鼠和52号公鼠交配为起源者标为C57，C57中毛色固定为巧克力色者称为C57BR，固定为黑色者称为C57BL，1951年从JAX引入NIH，1985年从NIH引入IMLAS。

（2）品系特征。①毛色及毛色基因：黑色，*aa*、*BB*、*CC*、*DD*；②组织相容性基因：*Hc1*、*H-2Db*、*H-2Kb*；③免疫：IgG在20月龄前缓慢增加，IgG2b为高值，IgG1为低值。无菌饲养较普通饲养者IgG绝对量低。IgG为高值，有的个体12个月龄后可超过800μg/mL。无菌饲养的IgM较高。细胞免疫力随增龄较少降低，可能与自发肿瘤较少有关。较易诱发免疫耐受性。干扰素产量高。对百日咳易感因子（pertussis，HSF）敏感；④肿瘤：乳腺癌少发（0%~1%），用致癌剂难以致癌，老龄鼠淋巴瘤自发率为20%~25%，雌鼠白血病为7%~16%，经照射后肝癌发生率高。用氨基甲酸乙酯处理后引起高发病率的副泪腺肿瘤。肝脏有B型网状细胞肿瘤。在甲状腺基质中有少见的色素性黑色素母细胞。老龄鼠中有10%非恶性的腺瘤样息肉；⑤微生物：对结核杆菌敏感，对鼠痘病毒有一定抗力；⑥生理：寿命最长达1 200 d。平均雌雄寿命为692 d、676 d。嗜酒精性高。注射酪蛋白后易引起淀粉样病变。用可的松可诱发出20%腭裂。对放射线有抗性；⑦病理：有眼缺陷，新生仔中雌性的16.8%，雄性的3%为小眼或无眼症。0.6%出现后肢多趾症。

7. DBA/1N

（1）起源。1909年由C. C. Little在品系毛分离试验中建立。为最古老的近交品系小鼠。1929—1930年在亚系间进行杂交，建立了一些新亚系，包括当时称为12（现在称为1，即DBA/1）和212（现称为2，即DBA/2）。1947年到Hummel H，1948年到Jackson研究室，再次进行近亲交配。1965年到Hoffman。1967年于Jax近交F_3代时到NIH。1973年近交代数23代。近交代数：117（Jax，1984）。

（2）品系特征。①毛色及毛色基因：淡棕色，*aa*、*bb*、*CC*、*dd*；②组织相容性基因：*Hc1*、*H-2Dq*、*H-2Kq*；③免疫：对实验性结核感染的易感性高。对鼠斑疹伤寒补体C5敏感；④肿瘤：对DBA/2的大部分移植瘤有抗性，老年雌鼠有乳腺癌发生，经产母鼠的乳腺癌发病率为61.5%，一年以上的繁殖小鼠中大约有3/4发生乳腺肿瘤，在18月龄的处雌中有同样的比例。白血病为8.4%。在一半DBA/1中P1534能够生长。S91在两种品系中都能生长；⑤微生物和寄生虫：对疟原虫感染有一定抗力。对曼氏血吸虫有极高的敏感性。对利什曼原虫、伯纳特立克次体敏感。由于具有*Hc1*等位基因，对新型隐球菌有抗力；⑥生理：对接种结核杆菌敏感。对鼠斑疹伤寒补体C5敏感。对疟原虫感染的抗力一致。红细胞计数高。SPF动物平均寿命，雌、雄分别为684 d、487 d；⑦病理：几乎全部繁殖后的雌鼠可见心脏钙质沉着灶。

8. DBA/2N

（1）起源。1909年由Little培育，为最古老的近交系小鼠。1929—1930年在亚系间进行杂交，建立了一些新亚系，包括DBA/1和DBA/2。1951年由Jax引入NIH。

（2）品系特征。①毛色及毛色基因：淡棕色，*aa*、*bb*、*CC*、*dd*；②组织相容性基因：*Hc0*、*H-2Dd*、*H-2Kd*；③肿瘤：肝癌发病率与饲料有关，对大部分DBA/1的瘤株有抗性，但黑色素瘤S-91在两系小鼠中均能生长，两性小鼠中均有淋巴瘤生长。雌鼠乳腺肿瘤发病率为31%，繁殖鼠为66%，非繁殖雌鼠为3%，白血病发病率雄鼠为8%，雌鼠为6%；④寄生虫：对疟原虫感染有一定的抗性；⑤生理：雄鼠接触三氯甲烷烟雾和乙二醇的氧化产物时，以及在维生素K缺乏时死亡率高，血压较低，低嗜酒性。红细胞计数高。肾上腺组织内脂质浓度低；⑥病理：听源性癫痫发作率在36日龄时为100%，55日龄后为5%。心脏有钙盐沉着灶。

9. SJL/J

（1）起源。3种来源的Swiss Webster品系于1938年和1943年在Jax实验室培养，1955年开始近交繁殖。近交代数：104代（Jax，1984）。

（2）品系特征。①毛色及毛色基因：*CC*、*PP*、*rd*；②组织相容性基因：*H-c1*、*H-2DS*、*H-2KS*；③免疫：易发生自发免疫性甲状腺炎、γ1、γ2免疫球蛋白增多症；④肿瘤：一年以上的小鼠中类霍奇金病的多型细胞性网织细胞肉瘤发生比率：在13月龄的处雌鼠中为91%，在13月龄的繁殖鼠中为88%，在12月龄的雄鼠中为91%；⑤微生物和寄生虫：对麻疹病毒有强抵抗力，对Sendai病毒的敏感性较低；⑥生理：对全身性X-线照射有强的抵抗力，每胎产仔量较多，心率较高。雌雄比率在断奶时为54∶46，雄鼠红细胞数少；⑦病理：42周龄鼠空斑形成细胞反应在S_{III}期开始降低，6月龄鼠易发生肝脏淀粉样病变。

10. 129/terSv

（1）起源。由129/Sv-W演化而来，此鼠是为研究W+基因在畸胎瘤发生中的作用而建立起来的，W+动物是129反复回交产生的，AW/+♀是它的后代，N8产生的38个后代来自8种具有睾丸畸胎瘤的小鼠，所有的129/ter鼠均是其后代。近交代数：N8F45（Sv，1984）。

（2）品系特征。①毛色及毛色基因：*Aw*、*c+*、*P+*；②组织相容性基因：*H-2b*；③肿瘤：先天性自发性睾丸畸胎瘤发生率为30%，肿瘤可发生在所有胚胎的内层或外层，极少有转移；④生理：在妊娠第12天和第13天开始分泌孕激素。

11. SAM-R/1

（1）起源。北京大学医学部于2000年4月从日本引进。SAM的前身祖籍是美国Jackson实验室的AKR/J系小白鼠，竹田俊男教授引进日本。不知何原因，突然出现老化症状。后经其精心选择进行延代，经20年的培养，终于形成了SAM系统。

（2）品系特征。白色，Ⅰ型尾巴竖起来，身体微微抽动发出"咕咕"的叫声。Ⅱ型是Ⅰ型的症状延续，变为全身痉挛，达到癫痫大发作。全身的痉挛约10s结束。结束的数秒内处于木呆状态，但没有见到死亡。痉挛从15周龄开始被观察到，19~23周龄时，开始发生痉挛的个体数显著增加，特别是Ⅰ型的情况在21周龄（平均周龄=20.4），Ⅱ型的情况在22周龄增加最多（平均周龄=23.3）。观察的41只中，Ⅰ型的症状100%，Ⅱ型的症状97.6%。该品系平均存活时间为568 d。老化病态特征为高龄老化的非胸腺性淋巴瘤。

12. SAM-P/6

（1）起源。见SAM-R/1起源。

（2）品系特征。白色，其为老年性骨质疏松症的模型，出生后5周龄开始就出现随骨髓腔的扩大，骨量减低。4~9周龄P/6与R/1比较，伴随着骨内膜的骨形成减少，骨吸收却呈现亢进，因此特别强调地提出，这很可能是造成股骨干骨髓腔扩大的原因。骨膜的形成在5~10周龄亢进，13周龄减少的程度与R/1相同，但骨内膜的骨吸收亢进状态虽有减弱，但仍为持续状态。9~13周龄骨内膜的形成几乎停止。

13. SAM-P/8

（1）起源。见SAM-R/1起源。

（2）品系特征。白色，为老年痴呆症模型，以学习记忆力减退、认知功能障碍低、恐惧不安及脑神经元退行性改变为主要老化特征，是目前研究老年痴呆症比较理想的自然发病模型。老化特征：毛发脱落、皮肤松弛、思维判断能力减弱、健忘或痴呆等。因此，行为学及形体老化表现的特征通常用于老化研究。

14. SAM-P/10

（1）起源。见SAM-R/1起源。

（2）品系特征。白色，伴随年龄的增加而出现学习记忆障碍、额叶脑萎缩的自然发病的新型的快速老化模型。8月龄时的老化度评分为5.59（R/1为2.63），呈现快速老化征候。2月龄的平均脑重量：P/10为460.2 mg，R/1为468.2 mg，无明显差异。但是，P/10在其后随年龄的增加脑重量降低，在13~16月龄时，为413.7 mg，减少了10%。像这样的脑重量减轻，R/1没有观察到。

（二）封闭群

1. 昆明小鼠（KM）毛色，白化

1946年我国从印度Haffkine研究所将瑞士种小鼠引入云南昆明，1952年由昆明引入北京生物制品所，1954年推广到全国各地。该小鼠特点是高产，抗病力强，适应性强，常见的自发肿瘤为乳腺癌，发病率约为25%。国内各地昆明小鼠遗传背景不很一致。目前，由KM小鼠已培育成C-1（中国1号）、615、TA1、TA2、AMMS/1、SCD1ab-xyk突变小鼠等近交系。KM小鼠广泛应用于教学，生殖生理、肿瘤、毒理、药理、免疫和微生物的科研工作以及药品、生物制品的制造和检定工作。

2. CD-1（ICR）小鼠毛色，白化

该品系来源于2只雄性和7只雌性Swiss小鼠。这些Swiss小鼠来自瑞士Centre Anticancereux Romand的DeCoulon实验室的非近交品系。1926年，Rockefeller研究所的Clara Lynch博士引入了这些小鼠。1948年费城癌症研究所用Rockefeller研究所培育出的"Swiss"小鼠培育出HauschkaHa/ICR，并且Edward Mirand博士将其引入洛斯维公园纪念研究所（Roswell Park Memorial Institute），命名为HaM/ICR。1959年CRL引入该品系并于同年进行了剖宫产。1999年维通利华从CRL引入核心群。繁殖力强，产仔成活率比KM小鼠高，母性比前者好。广泛用于药理和毒理研究、生物制品鉴定等。

（三）突变系

1. BALB/c-nu/nu（裸鼠）

（1）起源。BALB/c-nu裸小鼠是1966年在苏格兰的一群BALB/c小鼠中发现的一种自发突变无毛小鼠。生长发育不良，繁殖力低下，易发生严重感染，至1968年对其进行连续切片，显示出胸腺缺失，遗传检查发现为第11对常染色体隐性遗传。

（2）交配方式。①为了保持遗传特性，需要保种裸鼠相应的近交系，即BALB/c裸鼠需要同时保种BALB/c近交系，近交系严格按照兄妹对交配方式保种；②为了保种和生产还要有一个群体是带裸基因的种群，即采用雄性*nu/nu*与雌性*nu/+*交配方式进行维持的*nu*纯合基因的群体；③用带*nu*纯合基因的群体与裸鼠相应近交系回交和互交进行维持种群，此为生产群体的来源，它既保持着品系遗传背景，又能为大量生产繁殖提供坚实的基础。扩大群一个生产周期为6~20个月。

（3）特征及应用。由于裸鼠无胸腺，仅有胸腺残迹或异常上皮，这种上皮不能使T细胞正常分化，缺乏成熟T细胞的辅助、抑制及杀伤功能，因而细胞免疫力低下，B淋巴细胞正常、但功能缺陷，免疫球蛋白主要是IgM，只含少量IgG。由于裸鼠T淋巴细胞缺陷，不能执行正常T细胞功能，在混合淋巴细胞反应中全无有丝分裂反应，也不产生细胞毒效应细胞，对刀豆素A或植物凝集素P也无裂原应答，无接触敏感性，无移植排斥，因此可以广泛应用于生物医学的免疫学、肿瘤学和疾病发生机制的研究中。

2. C57BL/ksJ-db/db

（1）起源。①起源参见C57BL/6J/ola。1947年，C57BL/6J由JAX引入Biesele，然后以封闭群方法饲养繁殖。1948年引入Kaliss，恢复近交繁殖。1948年重新引入JAX。1966年发现*db*突变基因。1987年由JAX引入IMLAXS。②毛色及毛色基因：黑色，*aa*、*BB*、*CC*、*DD*。

（2）品系特征。出生10日后即表现多食、肥胖及血糖升高，同时胰岛素分泌增加至正常值的数倍，但组织中的胰岛素受体明显少于正常值，并且受体的结合力也低于正常值。出生2~3月后，血糖可高达400 mg/100 mL以上，直至死亡。此种模型类似于人类中年肥胖伴随糖尿病并发症。胰岛素分泌过多，并且变异较大。寿命短。该品系鼠带有相斥的*m*基因（*misty*），*m*基因纯化时，动物毛色和眼色淡化。雌鼠无生殖力，但其卵巢移植到其他鼠后，可恢复生殖活性。伴随周龄的增加而胸腺细胞数减少以及血清中的胸腺激素量明显减少。到10~12周龄，血中皮质酮浓度上升。细胞性免疫应答能力降低。脚趾畸形，小眼畸形。*db*基因（*diabetes*）为2号染色体隐性突变基因，能导致肥胖伴随糖尿病并发症，纯合子有高血糖症，2周龄时血糖值为300 mg/100 mL，12周龄时可达500 mg/100 mL。

3. C57BL/6J-ob/ob

（1）起源。起源参见C57BL/6J/ola。1987年由JAX引入IMLAS。毛色及毛色基因：黑色，aa、BB、CC、DD。

（2）品系特征。该品系带有ob基因（obese）。该基因为6号染色体隐性基因，纯合子导致单纯肥胖伴晚期糖尿病。在2周龄时肥胖个体外表上有别于正常个体。在8~9月龄时，动物体重增加到最大值，约为70 g，多种代谢失调，包括脂肪形成增加，脂肪分解减少。代谢失调与过食症和胰岛素分泌过多有关，动物在6~9周龄时有中度的高血糖，但12~16周后自发消失。

三、小鼠生物学特性

小鼠（Mouse；*Mus musculus*）生物学分类上属脊椎动物门（Vertebrata）、哺乳纲（Mammalia）、啮齿目（Rodentia）、鼠科（Muridae）、小鼠属（*Mus*），来源于野生小家鼠。17世纪科学家们开始用小鼠进行比较解剖学研究及动物实验。1909年Little等人采用近亲繁殖的方法首次培育成功纯系DBA小鼠，1913年Bagg培育成功BALB/c纯系小鼠，奠定了现代实验动物科学的基础，同时开创了小鼠在生命科学研究中应用的新纪元。各具特色的远交群和近交系现已育成500多个，遍布世界各地，是当今世界上用量最大、研究最详尽、应用最广泛的实验动物。我国小鼠品种常用的是昆明小鼠（KM），是1946年由印度引入昆明后分散到各地。小鼠染色体数为$2n=40$。

（一）外观特征

小鼠全身被毛，面部尖突，两侧长有长长的19根胡须，耳耸立呈半圆形，眼大、鼻尖，尾长和体长约相等。成年小鼠体长为10~15 cm。雄性体重20~40 g，雌性体重18~40 g。尾部被有短毛和小角质鳞片。有多种毛色，如白色、灰色、黑色、棕色、黄色等。

（二）解剖学特点

1. 骨骼

小鼠的骨骼由头骨、躯干骨、四肢骨和尾椎骨组成。小鼠的头盖骨包括前头骨、后头骨、头顶间骨、鼻骨、两侧的颚间骨、上颚骨、颧骨和颧骨突起组成。下颌骨的喙状突较小，髁状突发达。运用下颌骨形态的分析技术，可进行近交系小鼠遗传监测。小鼠的脊柱由55~61个椎骨组成。肋骨有12~14对，其中7对与胸骨接连，其他呈游离状态。颈椎7块，胸椎13块，腰椎6块，骶椎4块，尾椎变化较大，一般为27~30块。前肢骨由肩胛骨、锁骨、上腕骨、桡骨、尺骨、掌根骨、中掌骨等骨组成。后肢由髋骨、大腿骨、胫骨、腓骨等骨组成。

2. 牙齿

小鼠的齿式为2（I1/1，C0/0，P0/0，M3/3）=16，上下颌各有2个门齿和6个白齿。门齿终生不断生长。下颌骨喙状突较小，髁状突发达，其形态有品系特征，可采用下颌骨形态分析技术进行近交系小鼠遗传质量的监测。

3. 尾

小鼠无汗腺，尾部有4条明显的血管，2条动脉和2条静脉，背腹部各有一条动脉，左右两侧各有一条静脉。尾有散热、平衡、自卫等功能。小鼠有褐色脂肪组织，参与代谢和增加热能。

4. 消化系统

腹腔内有胃、肠、肾、膀胱、胰腺、胆囊、肝脏、脾、生殖器官等。小鼠食管细长，约2 cm。胃容量小，为1.0～1.5 mL，功能较差，不耐饥饿，小鼠灌胃给药的剂量不超过1.0 mL。肠道较短，盲肠不发达，以谷物性饲料为主。脾脏位于胃的左侧，有明显造血功能，雄性脾脏大于雌性约50%。肝由4叶组成，是腹腔内最大的消化器官。

5. 呼吸系统

小鼠的胸腔内有气管、肺、心脏和胸腺。气管由15个软骨环组成，肺由5叶组成，右肺4叶，左肺1叶。心尖位于第4～5肋间，因此，小鼠心脏采血的进针部位是左侧第3～4肋间。

6. 泌尿系统

肾脏位于背部脊柱两侧，右肾稍高，肾脏的上端有肾上腺。

7. 生殖系统

雄性小鼠的生殖器官包括睾丸、附睾、输精管、精囊及前列腺、尿道球腺、凝固腺、包皮腺。幼年时睾丸藏于腹腔，性成熟后下降到阴囊。雌鼠的生殖器官包括卵巢、输卵管、子宫、阴道、阴蒂腺、乳腺。卵巢为肠系膜包绕，不与腹腔相通，故无宫外孕。子宫为双子宫，呈"Y"形。乳腺发达，胸部3对，腹部2对，胸部乳腺可延伸至颈部和背部。

8. 淋巴系统

小鼠的淋巴系统特别发达，其全身主要淋巴结有：颌下前淋巴结、颌下中淋巴结、颌下后淋巴结、颈上深淋巴结、胸淋巴结、腰动脉淋巴结、肩淋巴结、腋下深淋巴结、腋下浅淋巴结、腰淋巴结、腹股沟深淋巴结、腹股沟浅淋巴结、髂外淋巴结、髂内淋巴结、腘淋巴结等。外界刺激可使淋巴系统增生，因此易患淋巴系统疾病。小鼠的胸腺在性成熟前最大，35～80日龄渐渐退化。

（三）生理学特性

1. 生长发育

新生小鼠赤裸无毛，全身为红色，闭眼，两耳与皮肤粘连，体重仅1.5 g，体长20 mm左右。3日龄脐带脱落，皮肤由红转白，开始长毛。4～6日龄双耳张开耸立。7～8日龄开始爬动，被毛逐渐浓密，下门齿长出。9～11日龄听觉发育齐全，被毛长齐。12～14日龄睁眼，长出上门齿，开始采食和饮水。3周龄可离乳独立生活，4周龄雌鼠阴腔张开。5周龄雄鼠睾丸降落至阴囊，开始生成精子。成年小鼠体重随品系不同略有差别，体重范围在18～45 g，体长为110 mm左右。小鼠寿命2～3年，实际上，小鼠生长发育快慢与品系、营养、环境、带仔多少、生产胎次有密切关系。

2. 消化

小鼠的胃容量小，肠道短，盲肠不发达，因此消化功能差。小鼠属杂食性动物，有随时采食习性，喜食谷物性饲料。

3. 呼吸、心率与血压

成年小鼠的呼吸频率为84～230次/min，呼气量为11～36 mL/min，心率470～780次/min，通气量11～36 mL/min，潮气量0.09～0.23 mL，收缩压12.6～18.4 kPa（95～138 mmHg），舒张压8.9～12 kPa（67～90 mmHg）。

4. 体温

小鼠的体温变化较大，但随日龄增长而趋于恒定。40日龄以前，其体温是被动调节的。新生仔鼠在被毛未长齐之前，主要依靠母体以维持体温。40日龄以后，体温在正常情况下是恒定的，只有在生活环境改变时才会失去体温的恒定性。因此，饲养小鼠的室温应相对稳定。正常情况下，成年小鼠的体温为37～39℃。小鼠的饮水量4～7 mL/d。

5. 血液学指标

小鼠的总血液量约占体重的1/15，易发生贫血。幼年小鼠的红细胞略小于成年鼠，成年小鼠的红细胞数为$(7.3～12.5)×10^{12}$/L，红细胞直径为5.7～6.9 μm，血红蛋白含量为100～190 g/L，血细胞比容为0.48～0.51，血液总蛋白为42～55 g/L。成年小鼠的血小板为$(0.1～0.4)×1\,000\,000\,000$/L，白细胞为$8×1\,000\,000\,000$/L。其中包括28%的中性白细胞，3.5%的嗜酸粒细胞，0.5%嗜碱粒细胞，淋巴细胞为69.5%，单核细胞为1.5%。

6. 免疫功能

小鼠淋巴系统特别发达，外界刺激可使淋巴系统增生，因此易患淋巴系统疾病。小鼠无扁桃体，胸腺在性成熟时最大，骨髓为红骨髓，终生造血。对致癌物敏感，自发性肿瘤多。

7. 健康标准

食欲旺盛，眼睛有神，反应敏捷，体毛光滑，肌肉丰满，活动有力，身无伤痕，尾巴不弯曲，孔腔无分泌物，粪便黑色呈麦粒状。

（四）生殖生理

1. 性成熟

小鼠性成熟早，5周龄雄鼠睾丸出现精子，36~42日龄性发育成熟。雌鼠20日龄后阴道皮肤逐渐变薄，阴道开口，其阴道开口与卵巢功能活动相一致。一般雌鼠36~50日龄，具有生殖能力。小鼠的性成熟因品系和饲养条件不同而有所差异。

2. 发情

雌鼠性成熟后，像其他哺乳动物一样，卵巢间断而周期性地产生卵细胞并分泌雌性激素，包括卵细胞上皮细胞分泌的雌激素和黄体细胞分泌的孕激素。在激素的作用下雌鼠出现明显的动情周期称为性周期。雌鼠全年多次发情，性周期4~5 d。性周期可分为动情前期、发情期、动情后期、动情间期（休情期）4个阶段。每个阶段的阴道黏膜可发生典型变化。根据阴道涂片所观察到的阴道上皮细胞变化，可进一步推测卵巢、子宫功能的周期性变化及激素变化和所处的发情阶段。如在发情期可观察到大量的角化上皮细胞集聚在一起；而在发情期间可观察到散在的白细胞、有核上皮细胞、少量角化上皮细胞及少量黏液。

3. 交配

小鼠体成熟一般多为60~90 d，是适宜的配种日龄。近交系小鼠在70 d以上。封闭群小鼠在两个月龄以上配种为宜。一般发情后2~3 h即可排卵，排卵期3~4 d，但在排卵期仅数小时内才允许公鼠交配。雌鼠交配后，在阴道口形成一个白色的阴道栓，是公鼠的精液、母鼠的阴道分泌物和阴道上皮混合遇空气后变硬的结果，可防止精子倒流，提高受孕率。阴道栓常视为交配成功的标志。阴道栓在交配后12~24 h自动脱落。雌鼠产后12~24 h可发情，此时交配可造成产后妊娠（即哺乳期间受孕）。有时，由于延迟着床，此妊娠期要比一般妊娠期长，可达31~35 d。此外，雌鼠与不育雄鼠交配或用机械方法刺激宫颈可产生假性妊娠，一般可维持10~12 d，有时长达3周。

4. 妊娠

妊娠期19~21 d，妊娠期的长短与小鼠品系及个体、环境因素、排卵数量、受精卵种植率、胎次等有关。

5. 分娩

小鼠的分娩多在夜间进行。产前不安，不停地整理产窝，约4 min产仔1只，1 min后胎盘产出，母鼠将胎盘嚼食。整个过程约1 h。有时可出现因受精卵着床延迟导致的产后3~5 d又产仔的现象。小鼠每胎产仔6~15只，最多达23只，产仔数取决于品系、胎次、饲养条件、营养条件等。第2至第6胎产仔数较多，一般7胎后产仔数逐渐下降。

6. 哺乳

哺乳期18~23 d，小鼠带仔数一般为8~10只，因母鼠营养状况、体质状况、生产能力等因素的不同而变化。母鼠哺乳仔数太多可导致仔鼠发育不均。如带仔数不足时可将其他多余的同龄仔鼠放入代乳母窝内寄养，但放入前应使其沾染新窝的气味，以免被代乳母鼠咬死。留种仔鼠可适当延长其哺乳期至23 d。

7. 繁殖时限

小鼠性活动可维持1年左右，作为种鼠使用时间一般为6~8个月，之后其繁殖能力下降，仔鼠质量越来越差，应予淘汰。近交系小鼠一般连续生产5~6胎，即可淘汰。

四、小鼠饲养管理要点

（一）环境条件

小鼠对环境适应性的自体调节能力和疾病抗御能力较其他实验动物差，各个品种和品系动物都有自己的特殊要求。因此，不同等级的小鼠应生活在相应的设施中。小鼠对环境变化敏感，自动调节体温的能力较差，过冷、过热易诱发疾病。小鼠临界温度为低温10℃、高温37℃，温度中性范围30~33℃。饲养环境控制应达到如下要求：温度18~26℃；相对湿度40%~70%；最好控制在18~22℃，日温差不超过3℃；湿度50%~60%。相对湿度40%~70%；最好控制在18~22℃日温差不超过3℃；湿度50%~60%。一般小鼠饲养盒内温度比环境高1~2℃，湿度高5%~10%。氨浓度不得超过14 mg/m³。

（二）笼具

饲养用具主要包括笼具和饮水器。笼具是动物的生活场所，也是饲养人员的用具，其结构、质量、式样及重量直接影响动物的生长繁殖、日常操作人员的劳动强度和工作效率。目前，一般采用无毒塑料制成的透明或不透明的鼠盒，不锈钢丝制作的笼盖。笼盒既要保证小鼠有足够的活动空间（单个繁殖笼一般不超过5只）又要阻止其啃咬磨牙咬破鼠盒而逃逸，便于清洗消毒。饮水器为玻璃或塑料瓶，瓶塞上装有可自动吸水的金属或玻璃饮水管，容量一般为250 mL或500 mL。金属笼架，一般可移动，并可经受多种方法消毒灭菌。实验小鼠常饲养于屏障环境，或用独立通风笼具（IVC）设备饲养。垫料应有强吸湿性、无毒、无刺激气味、无粉尘、不可食，并使动物感到舒服。对生殖能力较差的品系，如KK、DBA/2、NZB等在分娩前应加入柔软的纸条。铺垫物每周应更换2~3次。笼具和笼架应灭菌消毒，垫料须高压灭菌后方可使用。

（三）垫料

垫料是小鼠生活环境中直接接触的铺垫物，起吸湿（尿）、保暖、做窝的作用。因此，垫料应有强吸湿性、无毒、无刺激气味、无粉尘、不可食，并使动物感到舒适。垫料必须经消毒灭菌处理，除去潜在的病原体和有害物质。一般垫料以阔叶林木的刨花为宜，也可用玉米芯加工粉碎除尘后使用。在实验中切忌用针叶木（松、桧、杉）刨花做垫料，这类刨花发出具有芳香味的挥发性物质，可对肝细胞产生损害，使药理和毒理方面的实验受到极大干扰。尽可能使用标准化的垫料，如玉米芯、纸质颗粒垫料。

（四）饲料

小鼠应饲喂全价营养颗粒饲料，并保持饲料相对稳定。饲料的消毒有两种方法：一种预真空高压湿热消毒，此法破坏其中的营养成分较高。另一种是用^{60}Co射线照射，这种方法对营养成分的破坏很小，但成本较高。不同种类的小鼠有不同的营养标准，如纯系小鼠和种鼠的饲料所含蛋白质成分高于一般小鼠，DBA小鼠需要高蛋白质低脂肪的饲料。且饲料中应含一定比例的粗纤维，使成型饲料具有一定的硬度，以便小鼠磨牙。同时应维持营养成分的相对稳定，任何饲料配方或剂型的改变都要作为重大问题记入档案。

小鼠胃容量小，随时采食，是多餐习性的动物。成年鼠采食量一般为3~7 g/d，幼鼠一般为1~3 g/d。每周添料3~4次在鼠笼的料斗内，应经常有足够量的新鲜干燥饲料。在小鼠大群饲养中，每周应固定两天添加饲料，其他时间可根据情况随时注意添加。由于种鼠群和生哺群交配繁殖的母鼠负担重，能量消耗大，因此除供给足够的块料外，还要定时饲喂少量葵花籽、麦芽和拌有鸡蛋的软料。葵花籽供应量为每只成年鼠0.5~1.0 g/d。而鸡蛋供应量每周半个/每窝。而麦芽和软料由于微生物条件较难控制，目前趋于淘汰不用，而致力于颗粒料的全价营养，即用维生素合剂代替。

（五）给水

用饮水瓶给水，每周换水2~3次，成年鼠饮水量一般为4~7 mL/d，要保证饮水的连续不断，应常检查瓶塞，防止瓶塞漏水造成动物溺死或饮水管堵塞使小鼠脱水死亡。小鼠在吸水过程中，口内食物颗粒和唾液可倒流入水瓶。为避免微生物污染水瓶，换水时应清洗水瓶和吸水管。严禁未经消毒的水瓶继续使用。

（六）清洁卫生和消毒

每周应至少更换2次垫料。换垫料时将饲养盒一起移去，在专门的房间倒垫料，可以防止室内的灰尘和污染。普通级以上动物的垫料在使用前应经高压消毒灭菌。要保持饲养室内外整洁，门窗、墙壁、地面等无尘土。坚持每月小消毒和每季度大消毒1次的制度。即每月用0.1%新洁尔灭喷雾空气消毒1次，室外用3%来苏尔液消毒，每季度用过氧乙酸（0.2%）喷雾消毒鼠舍1次。笼具、食具至少每月彻底消毒1次，鼠舍内其他用具也应随用随消毒。可高压消毒或用0.2%过氧乙酸浸泡。应有周转用房，在饲养室使用一年时，将小鼠全部移入，原饲养室彻底整修消毒。

（七）动物健康的外观检查

这是检查动物健康状况的一项常规工作。外观判断小鼠健康的标准是：①食欲旺盛；②眼睛有神，反应敏捷；③体毛光滑，肌肉丰满，活动有力；④身无伤痕，尾巴不弯曲，天然孔腔无分泌物，无畸形；⑤粪便黑色呈麦粒状。

异常：仔鼠有卷尾、脑水肿、眼睛异常、腹泻、发育不良、鼻端脱毛、被毛脱落、断尾、被毛变质、咬伤和其他异常。

（八）性别鉴定

成年鼠性别很易区分，雄鼠的阴囊明显；雌鼠可见阴道开口和五对乳头。小鼠的性别区分主要以生殖器（阴茎或阴户）与肛门之间有无被毛作为标志。其主要区别为：①雄鼠乳头不明显，雌鼠乳头非常明显，初生7日龄的仔鼠，腹部尚未完全长毛时极易区别；②雄鼠的生殖器突起，距肛门较远并较雌鼠大；③雌鼠肛门和生殖器之间有一无毛小沟，雄鼠在肛门和生殖器之间长毛。

（九）疾病预防

作为实验动物，实验前应健康无病，所以应积极进行疾病预防工作，而一旦发病则失去了作为实验动物的意义。饲养繁殖过程中应注意以下几点：

（1）有疑似传染病的小鼠应将整盒全部淘汰，然后检测是否确有疾病，再采取相应措施。

（2）为了保持动物的健康，必须建立封闭防疫制度以减少鼠群被感染的机会。即应注意：①新引入的动物必须在隔离室进行检疫，观察无病时才能与原鼠群一起饲养；②饲养人员出入饲养区必须遵守饲养管理守则，按不同的饲养区要求进行淋浴、更衣、洗手以及必要的局部消毒；③严禁非饲养人员进入饲养区；④严防野生动物（野鼠、蟑螂）进入饲养区。

（十）日常管理

饲养和管理人员必须严格遵守操作规程，并做好多种记录工作，工作记录包括近交谱系图、品系记录、个体记录、繁殖记录、体重记录、工作日志。环境记录包括饲养室温度、湿度、天气情况等。记录应妥善保存，各种记录要设计好固定的表格并由专人负责。

五、小鼠的繁殖

（一）选种

种鼠可由外单位引入，也可由本单位自己保种。引种小鼠必须遗传背景明确，来源清楚，有完整的资料，包括种群名称、来源、遗传特性及主要生物学特性等。

选种在小鼠离乳时进行初选，种鼠应符合该品系的遗传学特征，无变异。双亲体质健康，无疾病，活力强。初选时按健康标准一般选留2~5胎的仔鼠，适当延长哺乳期到23 d，然后雌雄分开。同时做好记录。在育成期中出现异常者应立即淘汰，同时应适当控制营养，以防种鼠过度肥胖，影响配种。配种前按健康标准和生殖器情况进行定选。小鼠初配的适龄期为60~90 d。应选择体质强壮、活泼、被毛紧披而有光泽、尾肥嫩粉红血管明显、眼鼻无异物、无外伤肿胀溃烂、外生殖器发育良好、生长发育正常的小鼠作为种鼠。

（二）计划生产和记录

（1）计划生产。实验动物生产管理是畜牧人员的职责，安排生产通常要根据小鼠的自身特点和近3年本机构的市场行情变化及用户的工作特点综合考虑。一般来说，医学院校是小鼠的使用大户，每年的寒暑假特点都是小鼠生产单位必须重点考虑的因素。学校放假期间，小鼠通常会积压，如果生产安排不当，将直接导致产品积压而造成巨大浪费；其他时间又供不应求。故生产计划要结合下列公式实施：

计划配种日期=使用日期-需要天数

需要天数=性周期+妊娠期+达到要求体重所需日龄

如：某实验人员需要在8月1日使用体重18~20 g的昆明小鼠，则需要天数=5+21+28=64（d）；计划配种日龄=5月29日。

其中28是小鼠从出生到生长至体重为19 g左右所需天数（查昆明小鼠日龄与体重的相关关系表）。

（2）记录。科学管理必须有各种完好的记录。小鼠生产繁殖中的记录工作非常重要，随时记录生产情况，并及时总结。发现和解决生产中出现的任何问题。

①种群记录和生产记录：包括谱系记录、品系记录、个体记录、繁殖记录和工作记录。对于近交系小鼠应包括：a.繁殖盒上的繁殖卡，包括品系名称、近交世代数、双亲号

码、个体编号、出生日期、断奶日期、兄妹分窝日期、配种日期、产仔数、仔鼠雌雄数、体重、淘汰等。繁殖卡应永久性保存。b.谱系记录本，主要用于小鼠个体的编号，可依出生日期顺序填写，包括鼠号、代数、胎次、父号、母号、生日、交配繁殖号等。谱系记录本应与繁殖卡相对应，并永久保存。c.谱系图。根据繁殖卡和谱系记录本可画出小鼠繁殖的直观的亲缘关系图，便于生产的总体安排。d.生产记录，用于汇总某饲养区的生产情况，记录小鼠的离乳、淘汰、留种、意外死亡、供应等情况。e.工作日志，记录工作人员的每日操作情况。f.供应记录，用于记录小鼠的日龄、品系、体重等情况，以便迅速及时地供给实验者。

对于封闭群小鼠应包括：a.繁殖卡，包括品种、编号、父母鼠号、出生日期、同窝个数、配种比例及繁殖情况等。繁殖卡应永久保存。b.留种卡，包括品种、编号、父母鼠号、出生日期、同窝个数等。c.生产记录和工作日志同近交系小鼠。

②环境记录：温湿度与压差记录、天气情况记录、消毒灭菌记录。

③动物健康记录。

④实验处理及观察记录。

（三）繁殖方法

将种鼠按事先确定的配种方案置于繁殖盒中，建立繁殖卡。配种方案因小鼠的种类品系不同而不同，广义的繁殖如大群生产有长期同居法和定期同居法两种。

（1）长期同居法又称频密繁殖法，此法在管理上较简单，可减少疾病传染机会。采用将1只雄鼠与1只雌鼠同居，在雌鼠分娩后几小时内可再行交配受孕。一般情况下，每只雌鼠即每月可产1胎，这样可充分利用小鼠的繁殖能力（特别是利用雌鼠产后发情）。由于雌鼠哺乳期间受孕的负担过重，应注意加强营养。

（2）定期同居法又称非频密繁殖法。即将1只雄鼠与6只雌鼠编为一繁殖单元。每周向雄鼠笼放入1只雌鼠，即依周次使雄鼠与1只雌鼠同居，同时将受孕雌鼠提出，置单笼分娩、哺乳、离乳，依此类推。每只雌鼠生产周期为42 d，比长期同居法要长。为便于有计划地供应和生产，而哺乳仔鼠又得到充分的营养，仔鼠发育好，离乳时平均体重较前一种法重1~2 g。这时，要经常检查种鼠的生殖能力，及时淘汰受孕能力低的种鼠并增补新种鼠。

（3）近交系小鼠的维持和生产种鼠应来自近交系的基础群，以2~5对同窝个体为宜，近交系小鼠一旦育成，应按其保种的有关规定维持其特定的生物学遗传特征，以保持其基因同一性和基因纯合性。近交系小鼠的维持和生产通常包括4个群，生产过程一般是从基础翻出种子，经扩大群扩增后，建立生产群，再由生产群繁殖仔鼠进入供应群以满足实验应用的需要。为了保证4个种群的连续性，应做好配种计划。

①基础群：严格采用全同胞兄妹交配，用基础平行线系统保持其品系的种源，并为扩大群提供种鼠。在繁殖过程中一般保持24个平行谱系分支，在4~7代时进行一次修饰。在每个谱系分支上保留7~12个繁殖对，留种的同胞兄妹保持相应的数量及与原品系相同的特

性。应保证小鼠不超过5~7代能追溯到一对共同祖先。

②血缘扩大群：种鼠来源于基础群，采用全同胞兄妹交配繁殖用来扩大群体个体数量，为生产群提供种鼠。血缘扩大群应设个体繁殖记录卡，本群小鼠不应超过5~7代而能追溯到其在基础群的一对共同祖先。

③生产群：种鼠来源于基础群或血缘扩大群，采用随机交配的方法生产供实验用的小鼠，4个世代繁殖后即可淘汰。为了便于控制随机交配不超过4个世代，可采用挂指示牌的方式从扩大群来的种鼠F_0代挂白牌，F_1代挂蓝牌，F_2代挂黄牌，F_3代挂红牌。红牌表示已繁殖到第三世代，需更换种鼠，应从扩大群取来种鼠，继续生产。

④供应群：来源于上述生产群中每个世代繁殖的仔鼠，育成后只能供做实验用，不能留作种用。

⑤注意事项：在生产中从基础群到生产群必须控制在15代以内，即生产群的小鼠上溯到15代可在基础群找到共同祖先；各群之间不能有小鼠逆向流动，当小鼠出现断代时，可从血缘扩捕中选谱系记录清楚的小鼠重新建立基础群；某一品系的小鼠混入其他小鼠时应立即淘汰，逃出鼠盒的小鼠也应立即淘汰；经过某些技术处理如人工代乳、卵巢移植等技术处理的小鼠可能形成亚系或亚群，不应与原种群混杂。

（4）封闭群小鼠的维持和生产根据封闭群动物遗传学要求，在封闭群小鼠的生产中不应产生小群体，也不应与外来个体交配繁殖而导致遗传污染以至于改变其封闭群特有的杂合性。同时也不应使群体内的小鼠长期与大群隔离，而出现遗传分化，应保持其遗传的稳定性及其异质性和多态性，小鼠保种时应尽力避免有意识地留种或选择小鼠进行繁殖，包括对小鼠繁殖能力的选择，否则可导致小鼠固有遗传特征的改变，应尽可能多地保留繁殖个体。因此其维持和生产可采用随机配对交配、分组交叉交配及循环交配等避免近交的交配制度进行，以控制近交系数的上升率不超过1%。

①核心种群的管理：核心种群是为生产鼠群提供种鼠的种群，采用1♂：1♀比例终身同居，为了最大限度地防止近交系数的上升采用随机交配法。具体做法是用循环交配，即先将总体分为大小相同的几组并编号，每组内留足两性种动物，配种时雄性种动物与相邻编号的雌性种动物交配（如第1组雄性与第2组雌性配，第2组雄性与第3组雌性配，依此类推，最后1组雄性与第1组雌性配），并得到同雄性相同编号的子代组群。如发现同居20 d仍不孕，则应在相同小组情况下交换雌雄鼠，或者淘汰。小鼠生产繁殖期最长期限为一年。要根据育种计划进行配种留种，选2~4胎的仔鼠留种，新生仔鼠按1：1的性别比例选留，哺乳期可延长至11 d。档案记录包括品种（品系）名、群体的编号、出生年月日、繁殖记录（内容同日常工作情况记录），工作中的异常情况及处理过程与结果。

②生产鼠群的管理：繁殖种鼠负担重消耗大，要保证充足的营养，应提高饲料中蛋白质含量在饲料中加入鸡蛋或奶粉，定时补充葵花籽。

要及时进行受孕检查，通过观察阴道栓可知其准确受孕日期。同时小鼠受孕10 d左右，腹部隆起。当倒提小鼠时这种隆起可非常容易地观察到。对于封闭群小鼠，种鼠置同一笼中配种后20 d或仔鼠离乳后20 d仍未受孕，可调换公鼠，20 d后仍未受孕可将其淘汰。

体质差、与原品系特征不同、月龄超过9~11个月繁殖种鼠要及时淘汰。雌鼠分娩时其周围环境尽量不要变动，否则可使雌鼠受惊，导致食仔。

③育种鼠群的管理：核心种群来的育种幼鼠要雌雄分开饲养，同窝雄鼠可置于同一笼中，注意不同窝离乳的雄鼠不应同笼饲养，否则可引起打斗而致伤。

注意营养适中，防止过肥而影响配种。其他饲养管理同生产种鼠一样，要保证充足的饲料和饮水，及时更换垫料。如有可疑病鼠立即淘汰全盒小鼠。

对于生长发育异常，如仔鼠卷尾、脑水肿、眼睛异常、腹泻、发育不良、鼻端脱毛、被毛脱落、断尾、被毛变质、咬伤和其他不正常的小鼠也应及时淘汰。

④待发鼠群的管理：繁殖鼠群中离乳的幼鼠可转入待发鼠群饲养，雌雄严格分开，并根据小鼠的体重及时将过分拥挤的小鼠再次分开，但不同鼠笼的待发鼠不可混养，以防咬伤。并及时做好转入、供应记录，使账目相符。其他方面的管理与生产种鼠相同。

（四）注意事项

饲养繁殖过程中应注意以下几点。

（1）有疑似传染病的小鼠应将整盒鼠全部淘汰，然后检测是否确有疾病，再采取相应的措施。

（2）为了保持动物的健康，必须建立封闭防疫制度以减少鼠群被感染的机会。

（3）新引入的动物必须在隔离室进行检疫，观察无病时才能与鼠群一起饲养。

（4）饲养或实验人员出入屏障区必须严格遵守屏障环境设施的各项规定。

（5）严禁非工作人员进入屏障区。

（6）要设置严防野生动物（野鼠、蟑螂）进入屏障区的隔离设施或药物隔离带。

第二节　大鼠

一、大鼠在生物医学研究中的应用

（一）药物学研究

大鼠的血压反应比家兔好，常用它来直接描记血压，进行降压药物的研究；也常用于研究、评价和确定最大给药量、药物排泄速率和蓄积倾向；慢性实验确定药物的吸收、分布、排泄、剂量反应和代谢以及服药后的临床和组织学检查。大鼠血压及血管阻力对药物反应敏感，常用来灌流大鼠肢体血管或离体心脏，进行心血管药理学研究及筛选有关新药。

（二）肿瘤研究

在肿瘤研究中常使用大鼠，可使用生物、化学的方法诱发大鼠肿瘤，或人工移植肿瘤进行研究，或体外组织培养研究肿瘤的某些特性等。

（三）营养、代谢方面的研究

大鼠是营养、代谢研究的重要材料。用于维生素、蛋白质、氨基酸、钙、磷等代谢研究；动脉粥样硬化、淀粉样变性、酒精中毒、十二指肠溃疡、营养不良等方面的研究都可以使用大鼠。

（四）神经、内分泌研究

大鼠的神经系统与人类相似，广泛用于高级神经活动的研究，如奖励和惩罚实验、迷宫实验、饮酒实验，以及神经症状、狂躁抑郁精神病、精神发育阻滞的研究。大鼠的垂体—肾上腺系统功能发达，常用作应激反应和肾上腺、垂体、卵巢等的内分泌实验研究。

（五）卫生学方面研究

大鼠还用于环境污染对人体健康造成危害的研究。如空气污染对人体的损害、重金属污染对健康的损害等，职业病如尘肺、有害气体慢性中毒以及放射性照射等的研究都可以用大鼠做模型。

（六）老年学及老年医学研究

近几年，常用老龄大鼠（日龄1年以上）探索延缓衰老的方法、研究饮食方式和寿命的关系、研究老龄死亡的原因等。

（七）计划生育研究

大鼠体型比小鼠大，适宜做输卵管结扎、卵巢切除、生殖器官的损伤修复等实验，因此常用于计划生育方面的研究。

（八）遗传学研究

大鼠的毛色品系型多，具有很多的毛色基因类型。例如：野生色（A）、突变种野生色等位基因（a）、白化等位基因（C）、淡黑色（d）、粉红色（p）、红眼（r）、银色（S）、沙色（sd）、黄色（e）、白灰色（wb）等，在遗传学研究中常可运用。

二、大鼠常用品系

（一）近交系

1. ACI

（1）起源。1926年哥伦比亚大学肿瘤研究所的Curtis和Dunning教授培育。

（2）品系特征。①毛色：黑色、腹和脚白色（a, h1）；②28%雄鼠，20%雌鼠有遗传缺陷。有时缺少一侧肾或发育不全或囊肿。雄性同侧睾丸萎缩，雌性无子宫或有缺陷；③自发肿瘤：雄性睾丸46%，肾上腺16%，脑下垂体5%，皮肤和耳道及其他类型肿瘤6%，子宫瘤13%乳腺癌11%，肾上腺瘤6%；④该品系大鼠低血压。

2. BN

（1）起源。1958年由Silvers和Billingham用D. H. King和P. Aptekman培育而成。

（2）品系特征。①棕色（a，b，hi）；②组织相容性基因：$H0c$、$H0d$；③有抗实验性过敏性脑膜炎；④31月龄大鼠心内膜疾病发生率7%；⑤上皮肿瘤，雄性28%，雌性2%。输尿管肿瘤，雄性6%，雌性20%。雄性膀胱自发癌35%，胰腺肿瘤15%。雌鼠脑垂体腺瘤26%，子宫肿瘤22%，肾上腺皮质腺瘤19%，宫颈肉瘤15%，乳腺纤维腺瘤11%，胰腺腺瘤11%。

3. F344

（1）起源。1920年Curtis和Dunning在哥伦比亚大学研究所做癌症研究时研发得到该品系。来源：1949年Heston引入了该品系。1951年被NIH引入。1998年被CRL引入。2001年维通利华从CRL引入第5代核心群。

（2）品系特征。①毛色为白色，毛色基因为a、B、c、h；②免疫：脾脏红细胞的免疫反应性低；③寄生虫：对囊尾蚴虫敏感；④苯丙酮尿症的模型动物；⑤肿瘤：乳腺癌雄鼠自发率1%，雌鼠23%。脑下垂体腺瘤雄鼠35%，雌鼠24%，睾丸间质细胞瘤85%，甲状腺瘤22%。单核细胞白血病24%。雌鼠乳腺纤维瘤9%，多发性子宫内膜肿瘤21%。可允许多种肿瘤移植生长；⑥该系大鼠也可作为周边视网膜退化的动物模型。

4. SHR

（1）起源。1963年，京都医学院Okamoto利用远交的有明显高血压症状的Wistar Kyoto雄性鼠和带有轻微高血压症状的雌性鼠交配。自此开始兄妹交配，并连续选择自发高血压的性状。1966年NIH引入了该品系的第13代。1973年CRL从NIH引入第32代，1973年进行了剖宫产。2001年维通利华从CRL引入第23代核心群。CRL命名：SHR/NCrlBR。

（2）品系特征。①毛色：白化（c）；②严重自发性高血压（200 mmHg），心血管疾病发生率高；③还可作为ADHD（多动症）的动物模型。

5. LOU/C

（1）起源。1972年由Bazin和Beckers培育成的浆细胞瘤高发系。我国于1985年从NIH引入。

（2）品系特性。①毛色为白色，毛色基因为a、c、h；②免疫：产生单克隆免疫球蛋白IgG占35%，IgE或IgA占36%，广泛用于免疫学研究。尤其是单克隆抗体制备；③肿瘤：回盲部淋巴结产生一种自发性淋巴瘤（免疫细胞瘤），70%的免疫细胞瘤可分泌单克隆免疫球蛋白。肿瘤学性状：8月龄以上的Lou大鼠自发浆细胞瘤发生率雄性30%，雌性16%。

6. Lewis大鼠

（1）起源。该品系是50年代早期由Lewis博士从Wistar品系繁育而成。1970年CRL从Tulane引入34代。1975年进行了剖宫产。2001年维通利华从CRL引入第64代核心群。该鼠由Lewis从Wistar原种繁殖培育而成。

（2）品系特征。①毛色：白化（a，h，c）；②免疫：接种豚鼠髓磷脂碱蛋白后，对实验过敏性脑脊髓炎敏感。极易感染诱发自身免疫性心肌炎。对诱发自身免疫性复合性肾小球肾炎敏感（这与主要组织相容性复合物有关）。易感染实验过敏性脑炎和药物诱发的关节炎；③生理学：血清甲状腺素高，血清胰岛素和血清生长激素高。动物的肥胖取决于饮食的高脂肪物的含量。雌鼠乙基吗啡的肝脏代谢率高；④肿瘤：常见淋巴瘤，肾肉瘤，纤维肉瘤MC-39，ML-1，ML-7，Lewis10瘤和Lewis3肉瘤；⑤饲养繁殖：易驯养，繁殖率高。2年龄大鼠的存活率为26%。

（二）封闭群

1. Wistar

（1）起源。1907年由美国Wistar研究所育成，我国从日本、苏联引入，是我国引入最早的大鼠品种。

（2）品系特征。其特征为头部较宽、耳朵较长、尾长小于身长；性周期稳定、繁殖力强、产仔多，平均每胎产仔10只左右；生长发育快，性情温顺，对传染病的抵抗力较强，自发肿瘤发生率较低：10周龄雄鼠体重可达280~300 g，雌鼠体重可达170~260 g。现各地饲养的封闭群遗传性差异较大，实验设计时尽可能避开使用该品种。

2. Sprague Dawley（SD）

（1）起源。1925年美国Sprague Dawley农场用Wistar培育而成。

（2）品系特征及用途。其特点为头部狭长，尾长接近身长，产仔多，生长发育较Wistar快，抗病能力尤以对呼吸系统疾病的抵抗力强；自发肿瘤率低，对性激素感受性高；10周龄雄鼠体重可达300~400 g，雌鼠可达180~270 g。SD大鼠常用作营养学、内分泌学和毒理学研究。

（三）突变系

1. Nude（裸大鼠）

（1）起源。1975年在苏格兰Rowett研究所发现了rnu（Rowett nude）突变。1986年从NIH31引入IMLAS。

（2）品系特征及用途。①毛色和毛色基因：白化（*cc*）；②免疫：裸大鼠免疫器官的组织学，与裸小鼠极为近似。先天性无胸腺，为棕色脂肪取代，缺少T细胞，T细胞功能明显丧失。rnu裸大鼠对结核菌素无阳性迟发型超敏反应。用破伤风类毒素和卵蛋白免疫，rnu裸大鼠血中未能测出IgM及IgG抗体。对T细胞有丝分裂原（植物血凝素、刀豆球蛋白和美洲商陆）的淋巴细胞转化试验呈阴性反应。一般说B细胞功能是正常的。NK细胞活力增强。在肠系膜淋巴结，*rnu*裸大鼠NK活力比杂合子（*rnu*/+）高达10倍之多；③生理：纯合为裸鼠，但并非像裸小鼠那样完全无毛，而是体毛稀少，在头部或其他身体部位常有短毛出现，有时暂时完全消失，以后又复现。年龄较大的雄裸大鼠的尾根往往多毛。有触须但弯曲。2~6周龄时，皮肤上有棕色鳞片状薄征覆盖。随后变得光滑无毛。6周龄之后，有些个体可长出稀毛。发育相对迟缓，其体重相当于正常大鼠的70%。雌性裸大鼠妊娠期无乳腺发育，仔鼠因得不到母乳，生后很快死亡，故裸大鼠的繁殖，仍用雄纯合鼠（*rnu/rnu*）与雌杂合鼠（*rnu*/+）交配繁殖方法。在洁净环境下，寿命最长的裸大鼠可活1.0~1.5年。

2. SHR/N—cp

（1）起源。该品系是美国国家健康动物遗传资源研究所培育的用于肥胖症研究的两个同源品系之一。由SHR/N雌性与正常血压的SD雄性大鼠杂交培育几代后自发出现突变肥胖基因（*cp*），将这一基因导入SHR/N品系，最少回交12次以排除非cpKoletsky基因。但纯合体（*cp/cp*）不能繁殖使得回交复杂化，解决这一问题需要对每代进行测试交配以识别下一轮回交需要的杂合体。完全回交的SHR/N-cp品系在遗传上靠*cp*基因区别于其配偶SHR/N品系。杂合体交配产生的大鼠胖瘦比为1∶3，瘦大鼠中2/3为杂合体（*cp/+*），1/3为纯合体（+/+）。

（2）品系特征。自发高血压-NIH肥胖大鼠品系（SHR/N-cp）是新培育的一个用于肥胖症和糖尿病研究的遗传动物模型。肥胖大鼠表现出的和组织病理学特征与人的非胰岛素性糖尿病相似。这是唯一的雌雄性都显示不耐葡萄糖的啮齿动物模型。SHR/N-cp品系肥胖症的特性主要是脂肪聚积层，脂肪细胞体积和数量增加并损害发热作用。雄性肥胖大鼠是轻度高血压，当饲喂高糖类食物时，表现出与人的非胰岛素依赖型糖尿病相似的代谢改变，包括胰岛素分泌过多，高血脂，不耐葡萄糖和糖尿病。雄性肥胖大鼠与同窝瘦者相比，除血清胰岛素外，其他激素，如葡萄糖调节激素等（皮质甾酮、胰高血糖素、生长激素和胰生长激素抑制素）也分泌升高。该品系患有糖尿病并发症。SHR/N-cp品系大鼠中所发现的与糖尿病有关的组织形态变化包括胰岛增生，肝细胞脂变，肾病和内耳毛细胞丧失，雌性肥胖大鼠还出现肾上腺皮质肥大。肥胖大鼠肾组织的形态改变包括糖尿病和炎症（间质炎性浸润），与糖尿病有关的肾小球病变特性是节段性、弥散性和结节性毛细管间的系膜扩张。在雌雄性肥胖大鼠中均显示出相似的肾小球病变，而雌性受影响的程度较轻。喂蔗糖饲料比淀粉饲料能加重肾脏病变。SHR/N-cp肥胖大鼠的主要功能并发症是肾功能异常，饲喂高糖类饲料3个月后，肥胖雄性糖尿病SHR/N-cp大鼠与肥胖雄性非糖尿病LA/N-cp大鼠相比，肾小球滤过率降低，出现蛋白尿。动物模型中，与高血糖有关的其他功能并发症是胰腺的胰岛素分泌异常和适应性产热能力降低。

三、大鼠生物学特性

大鼠（Rattus norvegicus）属于脊椎动物门、哺乳纲、啮齿目、鼠科、大鼠属动物（Genns rattus）。实验大鼠是野生大鼠褐家鼠的变种，起源于亚洲，于17世纪初期传到欧洲，19世纪中期，野生大鼠及白化变种首次用于实验。大鼠是常用的实验动物，广泛应用于生物医学研究的各个领域中。

（一）一般特性

（1）大鼠性情温顺，易于提取，一般不会主动咬人，但当粗暴操作或营养缺乏时可攻击人或互相撕咬，哺乳母鼠更易产生攻击人的倾向，配种后的成年雄鼠同笼饲养互相撕咬，严重时可导致死亡。

（2）大鼠是杂食动物。对营养缺乏敏感，特别是维生素和氨基酸缺乏时可出现典型症状。如核黄素缺乏时出现皮炎、脱毛、体质虚弱和生长缓慢，还可引起角膜血管化、白内障、贫血和髓质退化；维生素E缺乏可导致雌大鼠生育能力降低，严重缺乏时雄鼠可终生丧失生殖能力。

（3）大鼠的活动多集中在黄昏到清晨这一段时间，白天常在笼内闭目休息，交配多在夜间发生。

（4）大鼠对空气中的粉尘、氨气、硫化氢等极为敏感，易引发呼吸道疾病，一般开放饲养的大鼠主要死因为呼吸道疾病。

（5）大鼠对各种刺激很敏感，环境条件的微小变化也可引起大鼠的反应，强烈的噪声可导致大鼠恐慌、互相撕咬，带仔母鼠可出现吃仔现象。

（6）大鼠具有群居优势，同笼多个饲养比单个饲养的大鼠体重增长快、性情温顺、易于捉取，单个饲养的则胆小易惊、不易捕捉。

（二）解剖学特点

1. 骨骼

大鼠骨骼系统与小鼠相似，也分为中轴和四肢骨骼两大部分，中轴骨骼包括头骨、脊柱、肋骨和胸骨，四肢骨骼前后肢骨。脊柱由57~61块脊椎骨组成，包括颈椎7块、胸椎13块、腰椎6块、荐椎4块、尾椎27~31块。肋骨有13对，前7对经肋软骨直接与胸骨相连，称真肋；后6对称假肋，其肋软骨依次相连，未与胸骨直接相连；第11~13肋末端游离，和肋弓未相连，另称为浮肋。

2. 牙齿

大鼠上下颌各有2个门齿和6个臼齿，齿式为2（I1/1，C0/0，P0/0，M3/3）=16。门齿终生不断生长，需经常磨损以维持其恒定。

大鼠上下颌各有2个门齿和6个臼齿，上颌每侧1个门齿，这种齿型称为单门齿型，区别于兔的双门齿型（上颌前排1对大门齿，后排1对小门齿）。门齿终生不断生长，故需经常磨损以维持其恒定。磨牙的解剖形态与人类相似，饲喂致龋菌丛和致龋食物可产生与人一样的龋损，适用于建立龋齿的动物模型，进行龋齿的实验研究。齿式为1003/1003=16。

3. 消化系统

大鼠的胃分为前后两部分，前部薄而透明，仅含黏液腺，后部壁厚，富含肌肉腺体，伸缩性强。胃中有一皱褶，收缩时会堵住贲门，因而不会呕吐。肠分为小肠和大肠。小肠包括十二指肠和回肠；大肠包括盲肠、结肠。肠道较短，盲肠较大；长6~8 cm，具有一定的消化功能。胰腺分散，位于十二指肠和胃弯曲处。肝脏分为左外叶、左中叶、中间叶、右叶、尾状叶和一个盘状的乳突。肝的再生能力很强，部分切除术后仍可再生。大鼠有胆管，无胆囊，胆管与十二指肠相接，受其括约肌的控制。

4. 呼吸系统

大鼠肺结构特别，左肺为1个大叶，右肺分成4叶。内鼻后移与咽相对，空气与食物的通道在咽内交叉，因而即使口腔充满食物也能照常进行呼吸。

5. 循环系统

大鼠心脏和外周循环与其他哺乳动物稍有不同。心脏的血液供给既来自冠状动脉,也来自冠状外动脉,后者起源于颈内动脉和锁骨下动脉。

6. 泌尿系统

大鼠右肾比左肾靠近头侧,肾为蚕豆形,右侧比左侧稍高。单乳头肾,肾脏前端有一米粒大的肾上腺。

7. 生殖系统

雄性腹股沟终生开放,30～40日龄时睾丸下降,有阴茎软骨,生殖器突出,副性腺很发达。雌性生殖器呈圆形,有凹沟,子宫为双子宫型,左右子宫角的腔是完全分开的,2个子宫颈独立地开口于阴道。胸部和腹部各有3对乳头。

8. 神经系统和内分泌系统

大鼠有发达的大脑半球,由左右两个大脑半球组成,两个大脑半球之间有大脑镰状膜。大脑发出的脑神经共13对。垂体位于视交叉之后,通过漏斗与脑的基部相连,易于摘除。无扁桃体,眼角膜无血管,有棕色脂肪组织。

(三)生理学特性

(1)新生仔鼠无被毛,呈赤红色,两耳贴连头部皮肤,自闭。尾长为身长的1/2~1/3,无牙齿。2 d后周身呈粉红色,3~4日龄两耳张开,并开始长出小绒毛,8~10日龄切齿萌出,并开始爬行,14~17日龄双目睁开,16日龄后被毛长齐,19日龄臼齿萌出,21日龄可以离乳。

(2)大鼠的寿命一般为(3~5)年。杂交群、远交群比近交系寿命长。

(3)成年大鼠雄性体重为200~280 g,雌性为180~250 g。

(4)不同品种、品系的大鼠体重有差别,同一品种大鼠雄性比雌性体形大。Wistar和SD大鼠体重与日龄的关系见表2-1。

表2-1　Wistar和SD大鼠体重与日龄的关系　　　　　　　　　　(g)

类别		日龄(d)							
		21	28	35	42	49	56	63	70
Wistar	雄	56	97	134	187	233	297	325	370
	雌	54	91	134	166	209	214	232	246
SD	雄	52	101	150	206	262	318	365	399
	雌	50	86	130	172	210	240	258	272

(5)生殖生理

①性成熟。在正常的发育过程中,雄鼠出生后23~25 d时睾丸开始下降,30~35日龄进

入阴囊，45~60 d时产生精子，60日龄以后就可交配。雌鼠一般在70~75日龄时阴道开口，不同品种品系开口时间不同，有的50日龄即开口，达80日龄即可交配。过早交配，增加雌鼠负担，对子代发育不利。大鼠最适交配日龄为雄鼠90日龄，雌鼠80日龄。

②性周期。大鼠的发情不受季节温度的影响，具有多发性、周期性的变化规律。大鼠性周期为4~5 d。在此周期内，生殖系统发生一系列组织学的变化，可做阴道涂片检查。根据阴道上皮细胞的变化，典型的4 d性周期分为发情前期、发情中期、发情后期和静止期。大鼠排卵通常在发情后8~10 h，发情多在夜间。排卵通常是自发的，但强壮的雄鼠能强迫雌鼠在非发情期接受交配，促进排卵受孕。黄体的形成及其发育是在发情后期，这时卵子已进入输卵管内。在发情静止期，卵泡又开始发育。

③生殖能力。雌鼠产仔的多少，取决于品种、胎次、饲养管理的好坏和雌鼠的年龄、体质。一般情况下，适龄雌鼠第1~5胎产仔多，第6胎以后逐渐减少。每胎可产仔8~13只，最多可达产仔20只，如SD大鼠。饲料的营养成分对大鼠的生殖能力也有一定的影响。当饲料内缺乏维生素E时，大鼠即丧失生殖能力，特别是雄鼠，可终身丧失，如补喂维生素E，雌鼠可以恢复其生殖能力。温度对大鼠的生殖能力也有影响，当饲养室内持续高温（30℃以上）可降低雄鼠的交配能力。

④交配。雌性大鼠只在发情期的数小时内允许雄鼠交配。雌鼠被雄鼠反复追逐之后才接受交配。交配后，雌鼠的阴道口形成一种特殊的膣栓即阴道栓。阴道栓是雄鼠的精液、雌鼠的阴道分泌物与阴道上皮细胞的混合物遇空气后迅速变硬形成的。阴道栓一般在交配后12~24 h时自动脱落。所以，常把检查阴道栓的有无作为判断是否交配的重要标志。

⑤妊娠和分娩。大鼠的妊娠期因品种不同略有差异，一般为19~21 d。孕鼠受惊吓往往造成流产或早产。大鼠的分娩昼夜均有发生，但以夜间居多。孕鼠临产前一般表现不安状态，常常不停地整理产窝，随着子宫收缩将仔鼠娩出。分娩结束后12~24 h母鼠出现产后发情，此时若与雄鼠交配，多能受孕。

⑥哺乳和离乳。通常，根据雌鼠体质确定带仔的多少，一般8~10只。对带仔不足8只的，可将其他产窝多余的仔鼠移入窝内代乳，代乳效果很好。母鼠产后1~2 d内饲料的消耗量突然下降，这是由于母鼠产后不适造成的。从第3天开始恢复正常，饲料消耗量有逐渐增加的趋势，1~8 d内仔鼠体重增长速度慢，平均日增重1.8 g，每天消耗的饲料量尚不大。8~9 d仔鼠长出切齿，14~17 d仔鼠睁眼，逐渐采食，仔鼠日增重达2.4 g，但这个时期仔鼠仍以母乳为主，所以饲料量略有增加，以上这个阶段称为哺乳第一阶段。从仔鼠生出第一、第二臼齿（19~21 d）后，饲料的消耗量迅速上升，这是由于仔鼠从全吃乳期过渡到半吃乳期，到哺乳末期基本以吃饲料为主。这个时期仔鼠生长发育速度平均日增长3.0 g，是哺乳期生长速度最快的阶段，称为哺乳第二阶段。仔鼠的哺乳期一般为21 d，留种的仔鼠可延长到23 d。过于延长哺乳时间，不仅影响母鼠的健康，还会影响母鼠的发情。哺乳期满的仔鼠要与母鼠分开，雌雄分笼饲养。如果离乳以后雄、雌混养，两周内应清查并分开，超过两周或发现雌鼠盒内混入雄鼠，所在的整盒大鼠即被视为不合格动物全部淘汰。

四、大鼠饲养管理

（一）环境条件

大鼠的饲养环境与小鼠饲养环境基本相同，饲养室温度应保持在20~25℃，相对湿度应以50%~65%为宜。大鼠听觉灵敏，对噪声耐受性低，饲养环境应保持安静，防止噪声。光照对大鼠生殖生理和繁殖行为影响较大，封闭的饲养室多采用光照定时装置，提供适当的（12 h光照、12 h黑暗；14 h光照、10 h黑暗）昼夜光变化周期。

大鼠对氨气和硫化氢敏感，应定时换窝，一般每周2~3次，保持室内干净卫生，采用全新风，尽量减少饲养室中的粉尘。大鼠不耐高温，温度过高易中暑死亡。湿度过低可导致大鼠环尾病。在大鼠的饲养设施中，应有良好的通风设备与空气过滤系统。

大鼠对环境因素的刺激非常敏感，其中温、湿度的波动或突然变化可成为重要的应激因子，容易促进条件致病菌所致传染病的暴发。如空气干燥、湿度低于40%时，大鼠易得坏尾病；肮脏的垫料、笼内过度拥挤或通风不良、环境内产生过量的氨气或硫化氢会引起呼吸道感染，肺大面积炎症，特别是支原体病的发生。

光照对大鼠生殖生理或繁殖行为影响较大。外界强光，甚至推荐标准范围的光线水平也能引起白化大鼠视网膜变性和白内障。在顶层大鼠笼架应装上光线挡板，以防天花板照明装置对大鼠产生的影响。

过密饲养会导致体重增加缓慢，肠道病原菌种类及密度上升，大鼠血浆简体类激素水平也会发生明显改变。总之，大鼠饲养室应做到安静通风、空气洁净度高。

（二）笼具和垫料

饲养大鼠笼具的底面积大小要适当，以保证大鼠有足够的活动空间。大鼠用的垫料除了要达到国家标准规定的要求外，还要注意消毒灭菌。更要注意的是，控制它的物理性能，如沾满尘土的垫料可致大鼠发生异物性肺炎。

有些手术动物的垫料要坚持天天更换，以防实验并发症；有些应用同位素实验的动物垫料的处理要按同位素放射物质污染物的有关规定来处理。

（三）饲料和饮水

大鼠具有随时采食的习惯，应保证其充足的饲料，一般每周加料2~3次。大鼠对蛋白质的要求高，特别是动物性蛋白和维生素，投给量要比小鼠多；大鼠对营养缺乏非常敏感，营养缺乏时常会导致缺乏症，并加剧传染病的发生。饲料按照少量多次的原则添加，软料则应每日更换。一般情况下饲料添加量掌握在每次添加时上次添加的饲料已基本吃完为宜。SPF级大鼠则要用高温高压灭菌水或纯化水。大鼠饲料与水的消耗比例为1∶2，即吃1 g饲料要饮2 mL的水，故一定要保持充足的饮水。

（四）垫料质量及要求

同小鼠。

（五）清洁卫生和消毒

每周2次更换垫料是很有必要的，因为鼠盒的空间有限，大鼠的排泄物中含有的氨气、硫化氢等刺激性气体，对饲养员和动物是不良的刺激，极易引发呼吸道疾病；排泄物也是微生物繁殖的理想场所，如不及时更换，很容易造成动物污染。更换垫料必须在专用工作车或超净工作台内操作，方法同小鼠，待全部笼具更换完后集中把笼具和脏垫料及时移出饲养室并做无害化处理，这样既可提高工作效率，又能保证大鼠的卫生需要。换下的鼠盒用清水冲刷干净后，晾干消毒备用，饮水瓶和瓶塞要洗刷干净后再消毒备用。

饲养室内各种用品的消毒隔离工作是管理中的重要一环，必须引起高度重视，它是保持大鼠等级的关键。工作人员必须严格执行屏障环境的出入管理规程，并严格遵循无菌操作的原则方可进入到饲养室内开始工作，同时要保持其室内环境的整洁，门窗、墙壁、地面、鼠盒、架子要及时擦洗，保持无尘状态；每周二、周五用0.1%新洁尔灭或其他消毒剂消毒，隔周更换消毒剂品种，每月进行1次大消毒，用0.2%过氧乙酸喷雾消毒效果较好。

垫料、饲料、鼠盒、饮水瓶等经高压消毒后放到清洁准备间储存，各种用具物品应定点、定位保管，保持整洁，固定分区使用，用后应清洁消毒，但储存时间不得超过15 d。鼠盒、饮水瓶每月用0.2%过氧乙酸浸泡3 min或高压灭菌。

饲养或实验操作后如果观察发现动物出现疑似传染病和人畜共患病的症状，应请兽医人员来确诊和处理。

（六）性别鉴定

雄鼠比雌鼠体形大，头也大，身体前部比后部大。雌鼠头部纤细、体形较小，身体后部较前部大。雄鼠的生殖器突出，离肛门较远，肛门与生殖器间有毛。雌鼠的生殖器呈圆形，并有凹沟，较为明显。

（七）生产繁殖

大鼠生产一般采用一雄多雌间隔同居法繁殖，当雌鼠腹部明显增大确认受孕后，进行单独饲养准备分娩，并投入新的雌鼠。每只母鼠可带8~10只仔鼠，不宜多于8只，以保证幼鼠有充足的乳汁。一般仔鼠出生后22 d离乳，雌雄分养。

在抓取大鼠时要轻抓轻放，尽量避免激怒大鼠，否则会引起剧烈的反应。对体重较轻的大鼠可提其尾巴，对体重大的应提其尾巴根部；怀孕大鼠的抓取只能从背部向腋下抓起，另一手托其臀部以防止引起流产。

（八）观察和记录

观察大鼠的吃料、饮水量、活动程度、双目是否有神、尾巴颜色等，并须及时记录，绝不能后补记录。

生产记录包括每一盒繁育鼠应记录有品系名、组别、编号、生日、交配日期、生产日期、胎次、产仔数、断奶日期、断奶数（♀♂）等。

断奶鼠应记录有品系名、组别、生日、胎次、断奶数（♀♂）、亲代编号等。

实验记录包括每天的动物实验观察，如实地记载动物活动情况、精神、被毛、饲料摄入量和饮水量、粪便、饲养室内温度、湿度、压差、动物死亡数量等。以上记录每天应向实验主持人汇报，每周向班组长汇报2次。

工作记录一般包括日期（年、月、日、星期）、天气（最高与最低温度、天气状况等）、室内环境（室内温湿度、压差、通风状况等）、工作安排（上下午）、完成情况及问题、备注等。

（九）生产指数

生产指数指一定日期内在该群体中平均每1只♀动物能生产出多少只离乳动物。不同品种的实验动物，由于生物学特性不同，生产指数也不同；同一品系内的不同群体，由于条件和管理方式的不同，也会产生差异较大的生产指数。学会计算生产指数的方法后，能预测动物群体的生产能力，为制订生产和供应计划及成本核算和经费预算提供科学依据，对科研也有重要的意义。其计算方法如下：

生产指数=交配头数（♀）×生产率×平均产仔数×离乳数/交配头数（♀）生产率=生产头数（♀）/交配头数（♀）

（十）大鼠饲养管理每周工作安排

周一：出生检查、卡片记录、育种、配种、见栓、提孕鼠、代乳、离乳、雌雄鉴定、温度湿度记录、加水、喂料、换窝、淘汰、突变检查、淘汰处死、供应、清扫。

周二：出生检查、卡片记录、见栓、温度湿度记录、加水、铺盒、换窝、突变检查、淘汰处死、供应、清扫。

周三：出生检查、卡片记录、见栓、温度湿度记录、加水、突变检查、供应、清扫、消毒。

周四：出生检查、卡片记录、育种、见栓、代乳、离乳、雌雄鉴定、温度湿度记录、加水、喂料、换窝、淘汰、突变检查、供应、清扫。

周五：出生检查、卡片记录、见栓、温度湿度记录、加水、铺盒、换窝、突变检查、供应、清扫、周报表。

周六：安全值班、加水。

周日：安全值班、加水。

第三节　豚鼠

一、豚鼠在生物医学研究中的应用

（一）免疫学

豚鼠特别是老龄雌鼠的血清中含有丰富的补体，是所有实验动物中补体含量最多的，其补体非常稳定，免疫学实验中所用的补体多来源于豚鼠血清。

由于致敏的豚鼠再次接触抗原会引起支气管平滑肌收缩甚至死亡的急性反应，因而豚鼠适合用于研究速发型过敏性呼吸道疾病。注射马血清很容易复制过敏性休克动物模型。豚鼠迟发性超敏反应与人类相似，如皮内结核菌素试验，因而较适合于进行这方面的研究，其中2~3月龄、350~400 g的豚鼠最适合过敏反应的研究。

（二）传染病学

豚鼠对多种病原体敏感，常用于病原的分离及诊断。如豚鼠对结核杆菌有高度敏感性，感染后的病变酷似人类的进行性结核病变，是结核菌分离、鉴别、诊断和各种抗结核病药物的筛选以及病理研究最佳动物。

（三）药物学

豚鼠妊娠期长，胎儿发育完全，幼鼠形态功能已成熟，适用于药物或毒物对胎儿后期发育影响的试验。

豚鼠对多种抗生素类药物非常敏感，是研究抗生素如青霉素的专门动物。豚鼠还用来研究麻醉药及镇咳药的药效。

（四）营养学

豚鼠体内不能合成维生素C，对其缺乏十分敏感，是研究实验性维生素C缺乏症和维生素C生理功能的理想动物模型，也是进行维生素C的生物学检测的标准动物。豚鼠也可用于叶酸硫胺素（V_{B1}）和精氨酸的生理功能、酮症酸中毒、眼神经疾病的研究。

（五）耳科学

豚鼠耳壳大，存在明显的听觉耳动反射。耳窝对声波极为敏感，特别是对700~2 000 Hz/S的纯音最敏感。所以豚鼠常用于听觉和内耳疾病的研究。如噪声对听力的影响、耳毒性抗生素的研究等。

（六）悉生生物学

由于可准确查知豚鼠剖宫产时间，幼仔发育完全，易成活，所以经常用于悉生生物学的研究。

二、豚鼠的常用品种和品系

（一）近交系

1. 近交系2

此品系于1906年引自美国农业部，在1951年11代时，Wright采用兄妹交配繁殖到1933年的33代后，改为随机交配，一直到1940年。1940年Heston继续采用兄妹交配。1950年引入美国国立卫生研究院（NIH），并分布于世界各国，其毛色为三色（黑、红、白），大部分在头部,其体重小于13系,但脾脏、肾脏和肾上腺大于13系,老龄豚鼠的胃大弯、直肠、肾、腹壁横纹肌、肺和主动脉等部都有钙质沉着灶,对结核杆菌抵抗力强,并具有纯合的GPL-AB.1(豚鼠主要组织相容性复合体)抗原,血清中缺乏诱发迟发型超敏反应的因子,而对实验诱发自身免疫性甲状腺炎却比13系敏感。

2. 近交系13

其毛色也有三色(黑、白、红),大部分在头部,其育成历史与2系相同,所有的亚系都是从美国NIH输出的,这个品系对结核杆菌抵抗力强,性活动比2系差,体形较大,GPL-AB.1抗原与2系相同,而主要组织相容性复合体1区与2系不同,对诱发自身免疫性甲状腺炎的抵抗力比2系和Hartley远交群强,生存期1年的豚鼠其白血病自发率为7%,流产率为21%,死胎率为45%,血清中缺乏诱发迟发型超敏反应的因子。

(二)封闭群

1. 英国种

被毛短而光滑,体格健壮,毛色有纯白、黑色、棕黑色、棕黄色、灰色等。英国种豚鼠主要有4个品种:顿金哈德莱(Dunkin Hartley)、哈德莱(Hartley)、勃莱特哈德莱(Pirbright Hartley)和短毛种(Shorthair)。目前我国各研究教学单位使用的豚鼠多为短毛的英国种豚鼠。1919年从日本引入东北。该品种的豚鼠生长快,抗病能力强,繁殖性能好。

2. 安哥拉种

毛细而长,能把脸部、头部、身体覆盖住。对寒冷和潮湿特别敏感,不易饲养繁殖,雌鼠一般一胎只生一只仔鼠,而且仔鼠成活率较低。这种豚鼠不适于用作实验。

3. 秘鲁种

毛细长有卷,毛长可达18 cm。体质较英国种差,与安哥拉种有亲缘关系,繁殖力低,不宜用于实验研究。

4. 阿比西尼亚种

被毛比英国种稍长而硬,但毛长成后似蔷薇花状的卷涡毛。这种豚鼠极易感染各种疾病,因而亦不适于用作实验。

三、豚鼠生物学特性

豚鼠(cavy, guinea pig; Cavia porcellus)属哺乳纲、啮齿目、豪猪形亚目、豚鼠科、豚鼠属动物。原产于南美大陆西北部,成群穴居,分布较广。16世纪作为宠物动物由西班牙人带入欧洲。1780年,Laviser首次用豚鼠做热原实验,在20世纪20年代后期,英国培育的短毛豚鼠邓金-哈特雷(Dunkin-Hartley)是最早用于实验的豚鼠品系。目前豚鼠已广泛应用于医药学、生物学、兽医学等研究领域。已培育有多个近交系和远交系。

(一)行为和习性

1. 采食行为

豚鼠是严格的草食动物,喜食纤维素较多的禾本科嫩草或干饲草。在自然光照条件下，日夜采食，两餐之间有较长的休息期。饥饿时听到饲养人员的声音特别是拿饲料的声音时会发出"吱吱"的叫声，经常整群一齐尖叫。豚鼠愉快时能发出"啾啾"类似鸟鸣的声音。豚鼠属于饮食不洁的动物，如果使用的食具不得当，豚鼠常在食物上边吃边排便或把食物扒散、将饮水喷出。

2. 群居行为

一雄多雌的群体构成表现明显的群居稳定性。表现为成群活动、休息或集体采食、紧挨躺卧。幼鼠跟随成鼠追逐发情的雌鼠。群体中占支配地位的豚鼠会咬其他豚鼠的毛。在拥挤或应激情况下，也可发生群内1只或更多动物被其他个体咬毛，毛被咬断，呈斑状秃，而造成皮肤创伤和皮炎。如果放入新的雄鼠，雄鼠之间会发生激烈斗殴，导致严重咬伤。

3. 性情

豚鼠性情温顺，不会攀登，较少斗殴，很少咬伤工作人员，但脚趾锋利，应避免被其抓伤。豚鼠胆小，喜欢安静、干燥、清洁的环境。突然的声响、震动或环境变化，可引起四散奔逃、转圈跑或呆滞不动，甚至引起孕鼠流产。对经常性搬运和扰动很不习惯，搬运、重新安置或触摸可使豚鼠体重在24~48 h内明显下降，情况稳定后又很快恢复。这种现象对试验结果的影响很大，应引起注意。

4. 听觉

豚鼠听觉非常发达，能识别多种不同的声音，它听到的音域远大于人。当有尖锐的声音刺激时，常表现为耳廓微动以应答，即听觉耳动反射。听觉耳动反射减弱或缺失是听觉功能不良的表现。

（二）解剖学特点

1. 外观

身形短粗、头圆大、耳朵和四肢短小、尾巴只有残迹，眼睛明亮，耳壳薄而血管鲜红明显，上唇分裂。前足有四趾，后足有三趾，每趾都有突起的大趾甲，脚形似豚，体长225~355 mm。被毛紧贴体表，毛色有白色、黑色、棕色、灰色、淡黄色和杏黄色等，其毛色组成有单毛色、两毛色和三毛色。

2. 齿

齿式为2（1 013/1 013）=20。门齿呈弓形深入颌部，咀嚼面锐利，能终身生长。当咬合不正时，门齿臼齿会过度生长。豚鼠咀嚼肌发达。

3. 骨骼

可分为主轴骨和四肢骨两部分，其数量因年龄而异，成熟豚鼠有256~261块骨。脊椎由36块椎骨组成，其中颈椎7个、胸椎13个、腰椎6个、荐椎4个、尾椎6个。胸部有13对肋骨，其中真肋骨6对，与胸骨相关节；假肋骨7对。四肢骨可分为前肢骨和后肢骨。前肢骨包括肩胛骨、锁骨、肱骨、桡骨和尺骨。后肢骨包括髋骨、股骨、胫骨、腓骨和髌骨。

4. 心肺

胸腔内有气管、肺、心脏和食管。心脏位于胸腔的中部偏左。肺呈粉红色分为左肺和右肺，右肺由尖叶、中间叶、附叶和后叶组成，左肺由尖叶、中间叶和后叶组成。豚鼠胸腺与大小鼠不同，在颈部皮下气管两侧，附着不牢固，易摘除。

5. 消化系统

腹腔内有肝脏、肾脏、脾脏、胃、肠、胆囊、胰腺、膀胱和生殖器官等。胃壁非常薄，黏膜呈襞状。胃容量为20~30 mL。肠管较长，约为体长的10倍，其中盲肠发达约占整个腹部的1/3。肝脏呈暗黄褐色，分为内侧左右叶、外侧左右叶和后叶。胆囊位于内侧左右叶之间。胰腺为一长而扁平的叶状腺体，粉红色，横位于腹腔前半部胃的背面。分头、体和尾叶。

6. 大脑

在胚胎期42~45 d脑发育成熟，大脑半球没有明显的回纹，只有原始的深沟，属于平滑脑组织，较其他同类动物发达。

7. 淋巴系统

较为发达。脾脏呈扁平板状，位于胃大弯部。肺部淋巴结具有高度的反应性，在少量机械或细菌刺激时，很快发生淋巴结炎。

8. 泌尿生殖器官

肾脏位于腹腔前部背侧，体正中线两侧右肾比左肾稍前，表面光滑，棕红色。肾上腺较大。雌雄豚鼠腹股沟部都有一对乳腺，但雌性乳头比较细长位于鼠蹊部。雌性具有无孔的阴道闭合膜，发情时张开，非发情时闭合。卵巢呈囊圆形，位于肾脏下方。子宫有两个完全分开的子宫角，连接输卵管末端。子宫角会合后形成子宫颈，开口于阴道。雄性有位于两侧突起的阴囊，腹壁可以摸到。用手压迫包皮的前面能将阴茎挤出，包皮的尾侧是会阴囊孔。

（三）生理学特性

1. 生长发育

新生豚鼠的体重与双亲的遗传特征、母体的营养、窝间距、一窝产仔数和妊娠期的长短有关。一般为50~115 g。产仔数在5只以上时，仔鼠往往因体质太弱，体重太小而难以成活。由于豚鼠妊娠期长，新生仔鼠出生后即能活动，全身覆有被毛，有门齿，眼耳已张开，数小时即能采食软料。生长发育较快，在出生后2个月内平均每天增重4~5 g。一般2月龄豚鼠体重可达350 g；5月龄雌鼠体重可达700 g，雄鼠体重可达750 g；成年雄鼠体重可达950 g，成年雌鼠体重可达800 g。豚鼠寿命一般为4~5年。

2. 血细胞指数

红细胞、血红蛋白数量和血细胞比容比其他啮齿动物低。外周血骨髓细胞的形态与人相似。其淋巴细胞中有一种Kurloff细胞，是一种特殊的单核白细胞，胞质内含有大的黏多糖包涵体，称为库氏小体。通常在血液、脾、骨髓、胎盘的血管系统或胸腺内发现，在雌激素刺激和妊娠情况下，其数量增多，最高密集点从肺和脾（红髓）转移至胸腺和胎盘。这种细胞的起源和功能尚不清楚。一般认为可以帮助保护细胞滋养层免受母源细胞的免疫损伤。

3. 速发型和迟发型超敏反应

致敏豚鼠再接触某抗原时常导致速发型过敏反应，其特征是发绀、虚脱或因支气管和细支气管平滑肌收缩发生窒息、死亡。而皮内注射结核菌素可引起迟发型超敏反应。

4. 肠道菌群

豚鼠消化系统功能较弱，食物通过盲肠、大肠相当缓慢，部分食物可在肠道保持48 h，许多营养成分由肠道微生物菌群将纤维素分解后释放出来，因而维持肠道微生物菌群的平衡是非常重要的。

豚鼠对青霉素、四环素、杆菌肽、金霉素、红霉素等抗生素类药物反应大，较大剂量用药后常可引起急性肠炎，甚至致死。这是由于豚鼠肠道正常微生物菌群是革兰阳性细菌如链球菌占优势，抗生素使革兰阳性菌明显减少，从而促使对豚鼠特别不利的革兰阴性细菌大量繁殖，而产生内毒素所致。一次肌注5万个单位的青霉素能杀死75%以上的豚鼠，死亡发生在注射后的第4天，原因是小肠结肠炎、大肠杆菌型的菌血症或细菌内毒素中毒。

5. 其他生理特点

豚鼠体内缺乏左旋葡萄糖内酯氧化酶，其自身不能合成维生素C。豚鼠对麻醉药物及其他某些有毒物质如DDV也很敏感，麻醉死亡率较高，饲喂感染黑斑病的甘薯可引起豚鼠中毒而大批死亡。豚鼠抗缺氧能力强，比小鼠强4倍，比大鼠强2倍。

（四）生殖生理

1. 性成熟

豚鼠有性早熟特征（雌鼠一般为30~45日龄，雄鼠为70日龄）、雌鼠一般在14日龄时卵泡开始发育、于60 d左右开始排卵。雄鼠30 d左右开始出现爬跨和插入动作，90日龄后具有生殖能力即射精。

2. 发情

雌鼠为全年多发情期动物，发情的雌鼠有典型的性行为，即用鼻嗅同笼其他豚鼠，爬跨同笼其他雌鼠。与雄鼠放置一起，则表现为典型的拱腰反应，即四条腿伸开，拱腰直背，阴部抬高。将一只手的拇指和食指，放在雌鼠的两条后腿之间，生殖器两侧，髂骨突起前部，很快有节奏地紧捏，发情的雌鼠会采取交配姿势。检查雌鼠是否发情也可取阴道涂片，通过观察其角化上皮细胞是否积聚来确定。雌豚鼠性周期为15~16 d，发情时间可持续1~18 h，平均6~8 h，多在下午5：00到第二天早晨，排卵是在发情结束后。发情时间可因交配而缩短。

3. 交配

豚鼠最适交配月龄为5月龄。如果交配过早，不但母鼠体质过度损耗，其产生的后代体质和生命力也较弱。雌鼠发情期间，雄鼠接近追逐并发出低鸣声，随后出现嗅、转圈、啃、舐和爬跨等动作。雌鼠交配时采取脊椎前凸的拱腰反应姿势。雄鼠进行插入，然后射精，终止交配。交配完成表现为舐毛，迅速离开。射出的精液含有精子和副性腺分泌物，分泌物在雌性阴道内凝固、形成交配栓。此栓被阴道上皮覆盖，并在适当的位置停留数小时后脱落。查找阴道栓（即交配栓）可确定交配日期、准确率达85%~90%。另外，还可检查雌鼠阴道内容物，看有无精子，以确定是否交配。

4. 妊娠

豚鼠妊娠期为65~72 d，平均68 d，比其他啮齿类动物长得多，青年豚鼠妊娠期有延长的趋势。在分娩2~3 h后，母鼠出现一次产后发情，此时交配妊娠率可达80%。

5. 分娩

分娩前一周耻骨联合出现分离，最大分离宽度可达3 cm左右，可做产期判断。雌鼠于分娩时蹲伏，产后把仔鼠身上舔干净并吃掉胎盘。

6. 哺乳

产仔数1~8只，多数为3~4只。豚鼠虽然只有一对乳房，但泌乳能力强，可很好地哺乳4只仔鼠。母鼠间有互相哺乳的习惯，这一点与其他啮齿类及兔、犬不同。仔鼠一般在15~21 d时断奶。

7. 繁殖期限

豚鼠繁殖使用期限一般为1.0~1.5年。

四、豚鼠饲养管理要点

（一）环境

豚鼠听觉好，对外来的刺激如突然的震动、声响较敏感，甚至可引起流产，因此环境应保持安静。豚鼠身体紧凑，利于保存热量而不利于散热，因此更怕热，其自动调节体温的能力较差，对环境温度的变化较为敏感，豚鼠临界温度为低温-15℃，高温32℃，温度中性范围30~31℃，豚鼠适宜温度为18~29℃。因此饲养室温度应控制在18~29℃，最适为18~22℃，湿度40%~70%。温度在29℃以上时，如湿度高且空气不流动，可给豚鼠造成很大危害甚至死亡，使孕鼠流产。温度过低易使动物患肺炎。同时，饲养室温度的恒定是相当重要的，日温差应控制在3℃以内。温度急骤改变，常可危及幼鼠生命，使母鼠流产和不能分泌乳汁，甚至大批死亡。保持饲养环境中有足够的新鲜空气也很重要，要使换气次数达到10~15次/h。

（二）笼具

豚鼠不能登高，跳跃能力差，笼具一般不需要加盖（四周围栏40 cm高）。豚鼠活动性强，空间要求比其他啮齿类大。较早期的饲养一般采用的方法为池养，即在地面上用水泥或铁丝网、木板等做成围栏，长和宽各为1 m，高为0.4 m，即可饲养豚鼠。其优点是容易操作、成本低，由于豚鼠直接接触地面，更利于其经常快速奔跑的习惯。但是这种方法使饲养室面积使用效率降低，不利于笼具清洗和消毒，现在大多单位饲养微生物控制较严格的动物，池养方法已经较少使用。

带不锈钢笼的冲水笼架，分层饲养可节省空间，便于清洗。其缺点是保温差，豚鼠担惊受怕，很不习惯，常造成体重下降、脱毛、产量下降、腿被卡住等，造成骨折、脚垫，使繁殖母鼠过早淘汰等。抽屉式箱子、托盘式笼架、大塑料盒是繁殖豚鼠较好的笼具。大塑料盒或抽屉式箱子，底面平整光滑，可以铺垫垫料，使豚鼠有在陆地的感觉，保温性也较好，现在国内已有商品出售。但大塑料盒或抽屉式箱子体积太大，不易操作，豚鼠受惊吓时易跑出盒外。

豚鼠兴奋时，常沿着笼边乱跑或转圈跑，易造成外伤。使用长方形的笼、盒比正方形的笼具更能阻止这种乱跑。

（三）垫料

实底笼饲养时，要铺消毒垫料。垫料应是不具机械损伤的软刨花，避免用具有挥发性物质的针叶木刨花。细小的硬刨花、片屑、锯末可沾在生殖器黏膜上影响交配，甚至损伤生殖器，使豚鼠不孕。粉末状垫料也会引起呼吸道疾病，不宜采用。豚鼠的垫料可用干草或稻草，这样既可以在豚鼠受惊奔逃时藏身，也可以让豚鼠啃咬补充纤维素。但在进行营养方面研究时则不宜采用。

（四）饲料和饮水

饲料和饮水豚鼠属粗纤维饲料动物类型，对粗纤维消化率较高，可达33%~38%，因此要注意饲料中粗纤维的含量应不低于30%，否则可引起严重的脱毛现象。可以在颗粒饲料之外加喂1次干草或青饲料。目前由于实验动物等级要求越来越高，而青饲料的微生物状况难以控制。因此，对于普通级豚鼠许多单位采用维生素合剂代替青饲料，饲喂效果可达到饲喂青饲料的水平。

豚鼠对日粮中不饱和脂肪酸的需要量要求较高，不足时会引起生长受阻、皮炎、脱毛、皮肤溃疡、小红细胞贫血。豚鼠一般拒绝苦、咸和过甜的饲料，对限量饲喂也不易适应。豚鼠经常喷射含唾液和食入物的水，而弄脏吸水管和饮水。如果用瓦罐或食盆饲喂，豚鼠常常蹲在食盆中休息，排粪排尿，因此豚鼠应采用特殊的饲喂器和饮水器，如"J"形料斗和带不锈钢弯头的饮水瓶。要经常消毒、更换饲喂器和饮水器。豚鼠对变质饲料特别敏感，常因此减食和废食。霉变或含杀虫剂的草和饲料常可引起豚鼠中毒，甚至死亡。一定要注意饲料及青草蔬菜的来源和卫生质量。同时注意饲料营养要全面，应配制全价营养饲料。繁殖豚鼠的饲料配方不应轻易改变。改变后，会引起拒食，在适应一段时间后才能恢复。要保证饲料和饮水的微生物水平达到相应的微生物控制标准。

维生素C豚鼠自身体内不能合成维生素C，体内贮存的维生素C在4 d内消耗一半即其半衰期为4 d，而人体内维生素C的半衰期为16 d，因此，饲料中一定要注意维生素C的补充。一般豚鼠维生素C需要量为1 mg/（100 g·d），在生长、妊娠、泌乳期间和受到应激时，实际需要每日15~25 mg/100 g。维生素C的缺乏常在10~20 d时出现临床症状，引起维生素C缺乏症，导致豚鼠跗肘关节肿胀、胸骨软骨部分膨大，行动困难、体质衰弱，并易感染细菌性肺炎、急性肠炎和真菌性皮炎等，导致生殖功能降低、发育不良、抗病力低，甚至引起死亡。维生素C的投喂可通过内含充足维生素C的颗粒料，其中维生素C

的含量应是正常需要量的10倍,因为维生素C易氧化不稳定,目前稳定维生素C尚无理想的方法。在饲料中维生素C会随着时间的延长而逐渐失效。因此饲料不能久放,贮存的地方要干燥凉爽。比较经济和效率高的方法是将维生素C溶于饮水中（200~400 mg/L,新鲜配制）,其中用于溶解维生素C的饮水最好使用蒸馏水或去离子水,因为含氯离子和一些金属离子的水会使维生素C失效,因此使用不锈钢的饮水设备是十分理想的。对于普通级豚鼠饲养,用以向水中添加的维生素C要经过灭菌处理。由于维生素C受热易分解,必须将其配制成具有保护剂的溶液,才能进行高压灭菌。可用去离子水加维生素C溶解,然后分别加碳酸钠（是维生素C质量的1/2,可用以驱除水中的氧气）、依地酸二钠（含量为1/50 000,可络合金属离子）、亚硫酸钠（0.2%,抗氧化剂,可保护维生素C）,配成溶液,100℃下15 min高压灭菌。然后向饮水瓶内加入一定量的维生素C溶液,使之含量达到200~400 mg/L。另外也可用滤菌薄膜进行过滤除菌。最传统的方法是投喂富含维生素C的新鲜水果蔬菜（如柑橘属水果、甘蓝）。但水果蔬菜不易消毒,微生物状况不易控制,易引起传染病的流行。

饲喂要执行严格的饲喂制度,饲喂器和饮水器中应保持足够的饲料和饮水。也可放入消毒后的干草,使豚鼠自由采食。不应频繁将雌鼠迁往新的笼舍,同时尽可能避免其他任何可能引起拒食的因素。每天定时加料1~2次,同时及时清除残料和剩水,以防豚鼠弄湿的饲料和弄脏的饮水存留时间过长造成微生物大量繁殖,引起疾病暴发。干草可每天定时添加1次,经常保持新鲜饮水,至少每天换饮水1次。

（五）清洁卫生、消毒和疾病预防

垫料要经常更换,至少每周2次。食具每周刷洗1次。室内应定期消毒,最好每季度彻底消毒1次。笼具应每月消毒1次。要保持饲养室内外整洁,门窗、墙壁、地面等无尘土。积极进行疾病预防,发现病鼠立即淘汰,并及时进行微生物检查,确定病因,然后采取相应对策。新引进的动物必须经隔离检疫,观察无病时才能与原鼠群一起饲养。饲养不同级别动物的工作人员必须遵守本饲养区的操作制度,不得互串饲养区。严禁非饲养人员进入饲养区。严防野生动物（野鼠、蟑螂）进入饲养区。

（六）豚鼠的健康检查

正常豚鼠外观有光泽平滑的被毛和明亮机警的眼睛。手握豚鼠背可对全身进行检查。体表所有外孔易于检查,而口太小,需使用镇静剂（氯胺酮50 mg/kg肌注）才能进行口腔的彻底检查。豚鼠生产中,发现病鼠立即淘汰,不必治疗。对有特殊用处需要治疗的豚鼠可使用磺胺嘧啶、呋喃西林、某些广谱抗生素、对革兰阴性细菌有作用的抗生素或是将对革兰阴性细菌有作用的抗生素与对革兰阳性细菌有作用的抗生素联合使用。

第三章 实验动物鸡

一、鸡在生物医学中的应用

(一)疫苗生产和鉴定

鸡胚是生物制品生产的重要原料。鸡胚常用于病毒的培养、传代和减毒,因此常用于病毒类疫苗生产鉴定和病毒学研究。鸡胚是生产小儿麻疹疫苗、狂犬疫苗和黄热病疫苗的主要材料。鸡和鸡胚还是研究生产和检验鸡新城疫苗、马力克疫苗、鸡法氏囊苗、山羊传染性胸膜炎培养浓缩苗的主要材料和实验手段。通过鸡胚传代还可以使某些病毒毒力减弱。

(二)药物评价

在某些药物评价试验中要用鸡或鸡的离体器官。利用1~7日龄鸡膝关节和交叉神经反射,可评价脊髓镇静药的药效。6~14日龄雏鸡用来评价药物对血管功能的影响。鸡的体外药物评价系统有:离体嗉囊评价药物对副交感神经肌肉连接的影响;离体直肠评价药物对血清素的影响。还可用于筛选抗癌及抗寄生虫药等。

(三)传染病学

用于研究支原体感染引起的肺炎和关节炎,用于研究链球菌感染、细菌性心内膜炎。

(四)激素代谢研究

研究公鸡阉割后引起的内分泌性行为改变,如斗殴少、性情温顺、啼鸣少,利用这个特点,进行雄性激素、甲状腺功能减退及垂体前叶囊肿等内分泌性疾病研究。

(五)适用于营养学研究

研究维生素特别是维生素B_{12}和维生素D缺乏症。其高代谢率适合研究钙磷代谢调节、嘌呤代谢调节,也用于碘缺乏症研究。

(六)老年学研究

随着年龄的增长,鸡的生殖功能明显随老化过程衰退,其产蛋可作为研究老化的一个较客观的指标。

(七)环境污染研究

有机磷化合物对鸡的脱髓鞘作用可用于监测环境有机磷水平。鸡易通过空气感染疾病,可由此监测空气中微生物的污染水平。

二、鸡的常用品种和品系

实验用品种主要是产白壳蛋的鸡,主要品种为来航鸡。原产于意大利,现已分布于世界各地。体型紧凑、清秀全身羽毛白色。单冠、鲜红色。公鸡直立,母鸡多偏向一侧。喙、胫部皮肤黄色。成熟早,开产于5~5.5月龄。产蛋率高,年产蛋量可在250枚以上,蛋重54~60 g。饲料消耗少。

鸡的近交系要求的近交系数达到90%以上,鸡的主要近交系列如下:

1. CSIRO(澳大利亚联邦科工组织)系列

现在维持的有13个白来航鸡系和4个澳大利亚系,全同胞交配17~28代,其中WL列已命名为B_1,它有3个携带不同主要组织相容性位点的亚列(AA,BB,CC),这个列主要用作移植片对宿主反应的材料。

2. IU(美国衣阿华州立大学)系列

现在维持的有7个系,均采用全同胞或半同胞交配,近交代数9代以上,其中IU-19,IU-GH,IU-HN带有3个不同的B基因。

3. PR(捷克布拉格分子遗传研究所)系列

来自RH系列,白来航鸡,具有B^1,B^2,B^{13},B^6,B^9,B^{10}等6种B基因型,现维持10个系列,全同胞交配20代,用于血型研究。

4. PRC-R(英国爱丁堡家禽研究中心)系列

棕色来航鸡,半同胞交配20代以上。

5. RH(英国国家家禽研究所北方繁育站)系列

有4个系列,其中3个是白来航鸡,全同胞交配20代以上。

6. RPRL(美国农业部地区家禽研究所)系列

现维持13个近交系,正在发展7个同类系均为白色来航鸡,全同胞交配15代以上,具有B^2、B^5、B^{13}、B^{13}、B^{15}、B^{19}、B^{21}等6种B基因型,主要用于鸡的马立克病、白血病的研究。

7. UCD(美国加利福尼亚大学)系列

白来航鸡,现仅有3个列,兄妹交配20代以上,具有B^2、B^4、B6三种B基因型,用于先天性肌肉营养不良的研究。

三、鸡的生物学特征

禽类实验动物属鸟纲(Aves),分为鸡形目(Galliformes)、雁形目(Anseriformes)和鸽形目(Columbiformses)3个目,其中较为常用的实验动物的有鸡、鸽、鸭、鹌鹑等多个品种。家鸡学名*Gallus domesticus*,Chicken,属于鸟纲(Aves)、鸡形目(Galiformes)、雉科(Phasianidae)。实验鸡近交程度很高,生产和饲养环境控制水平高,SPF鸡和鸡胚是我国得到最广泛应用的SPF级实验动物。

(一)生活习性和一般生物学特性

1. 生活习性

白天视力敏锐,听力灵敏,家鸡还具有神经质的特点,极易惊恐,突然的声响和突然发出的光都会使其惊恐万状。

2. 生物学特性

仍然保持鸟类某些生物学特性。没有汗腺，通过呼吸散热，怕热更甚于怕冷。生长快，代谢旺盛。

3. 采食习性

家鸡习惯于四处觅食，不停活动，用灵活的两脚爪向后刨。常常对色彩很敏感，如鲜红的血会对鸡形成刺激，引起鸡追随啄食，造成严重损伤。环境和管理不良易产生异嗜癖。

4. 群居性

鸡具有成群结队采食的习性，不同群体一般不出现斗殴现象。

（二）生理学特征

1. 消化系统

由口、咽、食管、嗉囊、胃（腺胃和肌胃）、小肠、大肠和泄殖腔以及唾液腺、肝、胰等器官组成。特点是没有唇、齿，颊也严重退化。由上下颌形成喙。唾液腺种类多而体积小。没有软腭，食管宽大，在入胸腔前扩大成嗉囊。有两个胃，肠道短，小肠分十二指肠、空肠和回肠，大肠包括两条盲肠和直肠。直肠后接泄殖腔。肝体积较大，分左右两叶，胆囊位于右叶。胰位于十二指肠袢内。胆囊和胰都有管道通向十二指肠腔。

2. 呼吸系统

由鼻腔、眶下窦、喉、气管、支气管、肺、胸膜腔和气囊等器官组成。

3. 母鸡生殖系统

由卵巢和输卵管两部分组成。特点是左侧的卵巢和输卵管发育，右侧的退化。发育的输卵管可分漏斗部、蛋白分泌部、峡部、子宫部和阴道部，其末端开口于泄殖腔。

4. 生理学指标

鸡性成熟年龄4~6个月，鸡蛋的孵化期为21 d，体温41.7（41.6~41.8）℃，呼吸频率12~21次/min，呼气量4.5 mL，心跳频率120~140次/min，血压（颈动脉压）20.00 kPa，总血量占体重的8.5%，红细胞335（306~344）万/mm^3，白细胞32 600万/mm^3，血小板13万~23万/mm^3，血红蛋白10.3（7.3~12.9）g/100 mL，红细胞比重1.090，血浆比重1.029~1.034，血液pH值为7.42。

四、鸡的饲养管理

鸡的新陈代谢旺盛，生长发育快，抗病能力差，因此对环境控制很严。由于实验鸡通常是晾在隔离器，除了要按照鸡隔离器设备的使用说明进行操作外，其他方面的管理要求基本一致。

（一）环境条件

实验鸡的生产与使用操作通常都是在屏障或隔离环境下进行的，以提供医学研究所需要的SP鸡蛋、鸡胚或鸡。其环境设施与国家实验动物标准的屏障或隔离环境要求一致，其中生产鸡舍比较大，为阶梯性金属笼饲养结构，通常是两侧操作、鸡饲养设备在中间，鸡饲料与饮水的供给、鸡蛋的收集及鸡排泄物的清除都是通过自动传输系统完成的，空气为初、中、高效过法，人流、物流流程要求与其他动物屏障环境的要求基本一致。

实验鸡的饲养则是将鸡隔离器设置在屏障环境中进行的，隔离器内放置鸡食盘、饮水器及鸡排泄物收集系统，并且有人工光源和其他人工气候条件（育雏期适宜温度为32~33℃，成年产蛋鸡为18℃左右；相对湿度为55%~65%；一般光照14~16 h/d，生长期雏鸡光照18 h/d，1~3日龄雏鸡光照13 h/d；噪声60 dB以下；14 mg/L以下氨浓度；气压稳定；通风和室内空气新鲜等）。由于该设备属于独立通风系统设备，具备空气净化功能，故屏障环境的净化可以是初级过滤条件，也可以是初、中效或初、中、高效过滤条件，鸡隔离器从室内屏障环境获取净化空气，排气系统则直接通到屏障环境外面。

（二）育雏期

育雏期指0~6周龄的幼雏。此期雏鸡生长发育快、食量小、消化能力差，所以饲料营养要全面、易消化，并要增加饲喂次数。雏鸡第1次喂料称开食，开食以出雏后12~14 h为宜，开食可用混合料或干粉料。开食后第1天喂2~3次，第2天喂6次，第4周起改喂5次，第6周喂4次。

雏鸡开食前应该先开饮，饮水中添加葡萄糖等能量物质，以弥补雏鸡运输过程中的疲劳消耗与肠道的清理。平常饮水应充足，随雏龄增长，在6~8周龄时，要进行雌、雄与强、弱分群饲养。

（三）育成期

育成期是指7~20日龄的中、大雏鸡。此期生长发育较快，功能日趋完善，适应性强。应根据中、大雏鸡制定出不同的日龄配方，一般6~10周龄饲喂中雏鸡料，10~18周龄喂大雏饲料，18周龄后喂成鸡饲料。

（四）产蛋期

产蛋鸡的饲养，应根据不同产蛋率的饲养标准，结合当地饲料条件，制定不同日粮配方，精心配制日粮。

（五）繁育生产

可采用1雄和10~16只雌鸡群养来获得受精卵，也可采用人工授精获得。鸡的繁殖关键是受精蛋的孵化。

（六）健康状况评估

健康鸡群表现为鸡群活泼，反应灵敏。部分鸡精神沉郁，离群、闭目呆立，羽毛蓬乱不沾，翅膀下垂，呼吸有声等是发病的前兆或处于发病初期。部分鸡精神委顿，说明有严重疫病出现，应尽快予以诊治。

第四章 实验动物猪

一、小型猪在生物医学研究中的应用

小型猪是生物医学研究最理想的实验动物之一,常使用3~5月龄,体重为5~20 kg的幼龄猪。主要用于肿瘤、烧伤、免疫学、糖尿病、环境监测、畸形学、产期生物学、心血管病、遗传性和营养性疾病、心脏外科、牙科、外科手术等方面的研究。

(一) 肿瘤学研究

猪是肿瘤研究较好的模型。美洲辛克莱小型猪有80%可发生自发性皮肤黑色素瘤,有典型的皮肤自发性退行性变,这些黑色素瘤的瘤细胞和临床表现,与人类黑色素瘤从良性到恶性的变化过程很相似,是研究人类黑色素瘤的良好动物模型。

(二) 心血管病研究

小型猪特别适用于冠状血管疾病的研究。幼猪和成年猪可以自然发生粥样硬化,其粥病样变前期与人类相似。猪和人类对高胆固醇食物的反应是相似的。饲料中加入10%乳脂即可在2个月左右得到动脉粥样硬化的典型病灶。猪的冠状动脉循环在解剖学、血液学、血流动力学方面与人类很相似,因此是研究人类冠心病的较佳的动物模型。

(三) 皮肤烧伤研究

猪的皮肤与人非常相似,包括体表毛发的疏密,表皮厚薄,表皮具有的脂肪层,表皮形态学和生成动力学(猪30 d,人27 d),烧伤皮肤的体液和代谢变化机制等。故猪是进行实验性烧伤研究的理想模型。猪的皮肤用于烧伤后创面敷盖,比常用的液体石蜡纱布要好,其伤口愈合速度比后者快一倍多(13 d和30 d),既能减少疼痛和感染,又无排斥现象。

(四) 糖尿病研究

乌克坦小型猪(墨西哥无毛猪)是研究糖尿病的良好模型。只需一次静脉注射水合阿脲(200 mg/kg)就可以产生典型的临床体征,如高血糖症、烦渴、多尿和酮尿。由尿嘌呤引起的糖尿病的猪,在12个月内产生眼底微血管增厚性失明。这种人为的糖尿病可由亲代传给后代。

(五) 免疫学研究

猪的母源性抗体只能通过初乳传给仔猪,剖宫产仔猪在几周内体内球蛋白和其他免疫球蛋白很少，无菌猪体内没有任何抗体，一旦接触抗原，能产生极好的免疫反应。可利用这些特点进行免疫学研究。

（六）营养学研究

仔猪和幼猪与新生儿的呼吸系统、泌尿系统、血液系统很相似。仔猪像婴儿一样，也患营养不良症，蛋白质、铁、铜和维生素A等缺乏症。因此，仔猪可以广泛用于儿科营养不良症，如蛋白质、铁、铜和维生素A缺乏症等的研究。由于母猪泌乳期长短适中，1年多胎，每胎多仔，易管理和便于操作，同时对仔猪胚胎发育和胃肠道菌丛也易了解，因此仔猪也可成为畸形学、毒理学、免疫学和儿科学的动物模型。

（七）牙科研究

猪牙齿的解剖结构与人类相似，给予致龋菌丛和致龋食物可产生与人类一样的龋损，是复制龋齿的良好动物模型。主要用于口腔基础医学、牙齿发育规律及比较医学研究，也常用于口腔细菌分布、龋齿及牙颌疾病、口腔新药物、植牙、正畸及牙齿钙质沉积规律等研究内容。

（八）外科手术方面的研究

在猪腹壁安装拉链是可行的，且对猪正常生理功能无较大干扰，保留时间可达40 d以上，这为解决治疗和科研中需进行反复手术的问题提供了较好方法。猪的颈静脉插管可保留26~50 d，这为进行频繁采血提供了良好而方便的手段。

（九）悉生猪和无菌猪的应用

不仅可用于研究人类包括传染性疾病在内的各种疾病，更是研究猪病不可缺少的实验动物。它完全排除了其他猪病的抗原、抗体对所研究疾病的干扰作用。无菌猪、悉生猪还能提供心瓣膜供人心瓣膜修补使用。

（十）其他疾病研究

猪的病毒性胃肠炎可做婴儿病毒腹泻动物模型。支原体关节炎可做人的关节炎动物模型。双白蛋白血症只见于人和猪，更是特有的动物模型。VonWill-brand猪是血友病模型。此外，还可用猪来研究十二指肠胰腺炎、食物源性肝坏死等疾病。

二、小型猪主要品种品系

（一）国内

自20世纪80年代初开始，我国开始对小型猪资源进行调查和实验动物化研究，目前国内的小型猪品系主要有西双版纳近交系小耳猪、贵州小型香猪、广西巴马小型猪和五指山小型猪等。

1. 中国实验用小型猪

1985年北京农业大学（现中国农业大学）引入贵州小型香猪，会同三院一所的科研人员经计划遗传选育而成。建成的封闭种群目前仍是国内主要供应动物实验猪的种群。中国实验用小型猪有Ⅰ、Ⅱ、Ⅲ等3个品系，Ⅰ系小型猪体型小，6月龄后生长缓慢，12月龄体重只有45~50 kg，适用于长期实验；Ⅱ系小型猪耐受寒冷，适于北方寒冷地区选用；Ⅲ系小型猪毛色为白色，适用于皮肤试验研究。近年来在实验动物化和SPF化上进行了有意义的探索。这项科研工作曾于1991年获农业部科技成果奖二等奖。

2. 五指山小型猪

又称老鼠猪，产于海南省的白沙县、东方市等偏僻山区。中国农业科学院北京畜牧兽医研究所冯书堂研究员等于1987年从原产地引种了2头母猪、1头公猪至北京扩群繁育，迁地保种获得成功。并且开展了近交培育、胚胎移植等方面的工作。老鼠猪头小而长，耳小直立，胸部较窄，背腰直立，腹部下垂，臀部不发达，四肢细长，全身被毛大部分为黑毛，腹部和四肢内侧为白毛。成年体重30~35 kg，很少超过40 kg。

3. 西双版纳小耳猪

云南农业大学曾养志教授等以西双版纳小耳猪为基础种群，经过10多年近20代严格的亲子或兄妹交配，初步培育成2个体型大小不同的JB（成年体重70 kg）和JS（成年体重20 kg）近交系，其中分化为6个不同家系，家系下再进一步分化为带有不同遗传标记的多个亚系，近交系数已高达98%以上。

4. 广西巴马小香猪

广西大学王爱德教授等从1987年开始，从原产地引入广西地方猪种巴马香猪公2头、母14头，组成零世代基础种群，采用基础群内闭锁纯繁选育及半同胞为主的近交方式进行选育，至1994年已进入第5世代，近交系数为35%。该小型猪的最大特点为白毛占体表面积大，在92%以上，个体具有较为整齐的头臀黑、其余白，表现为独特"两头乌"毛色，而且出现双白耳突变个体及除尾尖少许黑毛的全白突变个体。该小型猪还具有体形矮小（24月龄母猪体重40~45 kg，公猪30~40 kg）、性成熟早、多产（初产8.5头，经产10头）等优点。

5. 贵州小型香猪

贵州中医学院甘世祥教授等于1985年以原产于贵州从江县的从江香猪为基础种群，以小型化、早熟化为育种目标进行定向选育，曾于1987年以"贵州小型香猪作为实验动物的研究"通过省级鉴定。近年来开展了近交系培育工作。

（二）国外

1. 明尼苏达小型猪

美国明尼苏达大学的Homel研究所从1949年用亚拉巴马州的几内亚猪，加塔里那岛的卡塔利猪和路易斯安那州的皮纳森林猪等四种猪杂交培育而成。毛色有黑白斑。成年猪体重平均80 kg，遗传性质较稳定。

2. 毕特曼—摩尔系小型猪

由毕特曼—摩尔制药公司从佛罗里达野生野猪和加利夫岛的猪育成。毛色有各种各样斑纹。

3. 海福特小型猪

海福特研究所用白色帕洛斯猪和毕特曼—摩尔系小型猪,再引入墨西哥产的拉勃可种育成,成年体重70~90 kg。被毛稀少,白皮肤,作为供给化妆品的实验猪而受到重视。

4. 葛廷根系小型猪

葛廷根大学用明尼苏达—荷曼系小型猪和缅甸的Vier-namese小型猪交配,再引入德国改良长白种育成。成年猪体重40~60 kg。

5. 科西嘉系小型猪

科西嘉系小型猪是法国原子能研究所用地中海科西嘉岛上的猪选育而成的小型猪,成年平均体重45 kg。

6. 阿米尼种小型猪

原始基础种群是1942年从中国东北引入的小型东北民猪(荷包猪)的后代。经10余年选育而成。其8月龄体重为25 kg,成年体重40~50 kg。

7. 埃塞克斯种小型猪

是从美国得克萨斯州西南部遗留的黑色埃塞克斯种育成的小型猪,2周岁体重70 kg左右。

8. 日本现有的小型猪

目前现有的小型猪有会津系、阿米尼系、克拉文系、皮特曼系、CSK系和育克坦系。

三、小型猪生物学特性

小型猪(Miniature Swine)属于哺乳纲、偶蹄目(Artiodactyla)、野猪科(Suidae)、猪属(Sus)的动物。野猪经过人类长期驯化、选择,被培育成我们现在饲养的家猪。经第二次世界大战以后,猪开始成为研究人类疾病的实验动物,但家猪用于实验,因体躯肥大不便于实验处理和饲养,加之,遗传选择、遗传控制也不合实验动物的要求。为解决这方面的问题,20世纪50年代后培育出专门用于动物实验的实验小型猪和微型猪(Microswine)。小型猪6月龄体重30~40 kg,80年代中期,美国查里斯河供应的微型猪只有15 kg左右。

(一)一般特性

1. 生活习性

小型猪为杂食性动物,吃得多,消化快,能消化大量饲料,有择食性,能辨别口味,喜爱甜食。性格温驯,易于调教,喜群居,嗅觉灵敏,有用吻突到处乱拱的习性。对外界温、湿度变化敏感。

2. 小型猪的寿命

最长达27年,平均16年。通常成年小型猪体重在30 kg左右(6月龄),而微型猪最小在15 kg左右。

3. 繁殖特性

雌性4~8月龄，雄性6~10月龄性成熟。为全年性多发情动物，性周期21（16~30）d，发情期2.4（1~4）d，排卵在发情开始后25~35 h，最适交配期在发情后10~25 h，妊娠期114（109~120）d；产仔数2~10头。哺乳期1个月。

4. 与人类生理结构的相似性

心血管系统、消化系统、皮肤、营养需要，骨骼发育以及矿物质代谢等都与人类的情况极其相似（表4-1、表4-2）。

表4-1　人类与3月龄小猪皮肤结构厚度的比较　　（mm）

皮肤结构	人类	小猪
皮肤	2.0（0.5~3.0）	1.3~1.5
表皮	0.07~0.17	0.06~0.07
真皮	1.7~2.0	0.93~1.7
基底细胞层所处的深度	0.07	0.03~0.07
表皮和真皮厚度的比例	1∶24	1∶24

表4-2　猪和人类脏器重量比值　　（%）

脏器	小型猪（50 kg）	人（70 kg）
脾脏	0.15	0.21
胰腺	0.12	0.10
睾丸	0.65	0.45
眼	0.27	0.43
甲状腺	0.618	0.029
肾上腺	0.006	0.29
其他器官	8.3	9.4

（二）解剖生理特征

1. 解剖学特点

齿式为2（门3/3，犬1/1，前臼4/4，臼齿3/3）=44，有发达的门齿和犬齿，齿冠尖锐突出，也有发达的白齿，齿冠有台面，上有横纹，既便于食肉，又便于食草。颈椎7节，胸椎13~16节，腰椎5~6节，荐椎4节，尾椎21~24节。吻突、唾液腺发达，汗腺不发达。有上皮绒毛膜型胎盘。胃为单室混合型，在近食管口端有一扁圆锥形突起，称憩室。消化器官发达，消化特点介于食肉类与反刍类之间。胆囊浓缩胆汁能力低，盲肠较发达。肺分叶明显，叶间结缔组织发达。肺、肝均分5叶，两肾位于1~4节腰椎水平位，蚕豆状。

2. 生理学特征

小型猪既是杂食动物，又是甜食动物，舌体味蕾能感觉甜味，具有广泛的遗传多样性，其胃内分泌腺分布在整个胃内壁上，与人很接近。此外其心血管分支、红细胞成熟时期、肾上腺及雄性尿道等形态等结构，以及血液和血液生化部分指标都与人接近。染色体数$2n=38$。唾液腺可分泌含量较多的淀粉酶，胃分泌各种消化酶，胆囊浓缩胆汁能力低。盲肠内含大量微生物，在消化中起重要作用。母源抗体不能通过胎盘屏障，初生仔猪体内缺少母源抗体，只能从初乳中获得。生理指标为体温39（38~40）℃，心率55.60次/min，呼吸数12~18次/min，收缩压22.5（19.2~24.7）kPa，舒张压14.4（13.1~16.0）kPa，红细胞总数6.4×10^{12}个/L，白细胞总数$(7.5~16.8) \times 10^9$个/L，血红蛋白100~160 g/L，血小板2.4×10^8个/L。

四、猪的饲养管理

猪，古称豕，又称彘、豨，别称刚鬣。又名印忠、汤盆、黑面郎。杂食类哺乳动物。身体肥壮，四肢短小，鼻子口吻较长，体肥肢短，性温驯，适应力强，繁殖快，有黑、白、酱红或黑白花等色。

（一）环境条件

小型猪一般用于医学实验研究，应为猪圈饲养，根据面积大小每圈1~10头，一般要求冬暖夏凉，每圈面积约6 m²，设有漏粪尿地板，雌雄分开，单笼饲养，便于实验操作和观察，但不利于猪的活动及饲养。无论采用什么方式，小型猪每天都要在活动场地运动2次、每次1 h。小型猪生长的适宜温度为18~25℃，相对湿度40%~60%。

（二）饲料与饮水

根据实验要求，猪饲料中不得加入抗生素和激素类添加剂，饲料配方可根据当地实际条件灵活选配。一般喂混合饲料或固型饲料，每日给饲料2次，上午9时和下午4时分别喂给，饲料的量一般为猪体重的3%左右（仔猪要给予按体重计7%的牛奶或特制人工奶），如果是仔猪或受孕的母猪（包括种公猪）都应加倍量，每次喂完食都应及时取出食具洗净。

小型猪每天都要保证新鲜足量的水，特别是夏季，通常通过自动饮水器获取水的供应。

（三）清洁卫生和消毒

猪圈内要打扫洗刷干净，垫铺物或锯末每天更换1次。在猪舍的入口处应设有脚踏消毒液槽（垫），其中的消毒药水每周更换2次，圈舍每周消毒3次。食具、饮水具每天清洗干净，每周消毒3次；猪圈若加垫料则每2 d换1次，铺垫物应经过消毒以防感染寄生虫，地面一般为水泥面，每天应清扫冲洗干净。

每次实验完毕应按普通级实验动物饲养的要求，对实验用空舍进行彻底消毒处理，以备下次实验使用。

（四）动物健康检查

平时应观察猪的食欲、粪便有无异常，尤其是腹部臌胀，疼痛时弓腰等不适症状。如出现便秘、下痢和呕吐者，要对症治疗。

许多实验如烧伤、外科手术、移植手术等都应加强卫生管理预防感染，也应加强饲养管理（必要时可单独饲养），可按饲料实验要求生产配合饲料，注意因某些营养物质缺乏或超量而出现的症状或采取预防措施。

（五）疾病预防

小型猪要进行预防接种，主要预防猪霍乱、猪丹毒、日本脑炎和猪细小病毒传染性疾病，要注射猪传染性胃肠炎和萎缩性鼻炎疫苗。

（六）繁殖生产

幼年雄猪于90日龄有发情征兆，4月龄后生殖系统趋于成熟，5月龄可认为生理性成熟，当处于6月龄、体重10 kg左右时开始用于配种比较合适，这样既能提高配种质量，又能较长时间利用雄猪。繁殖群中，1只雄猪可交配5~7只雌猪，要掌握雌猪的发情与雄猪短时间交配或人工授精。经产雌猪，当仔猪断奶后再次发情为1周左右。

雌猪妊娠期平均为114 d，雌猪产仔数多，营养较好时，产期常提前，营养较差或产仔数少时产期会延长。雌猪妊娠期中胎儿发育是有阶段性的，初期胎儿发育慢，需要营养不多，但必须加强饲养管理，少运动；妊娠中期，胎儿发育仍较慢，需要营养不多，雌猪食欲旺盛，此时可多喂青粗饲料，并可让受孕雌猪适当加大运动量；妊娠后期，胎儿发育快，日粮中精料应逐步增加，保证足够营养供雌猪和胎儿需要，同时雌猪体内积蓄一定养料，待产后泌乳用。加强妊娠雌猪后期营养和饲养管理是保证胎儿大、体质好、雌猪泌乳量多的又一关键。

临近分娩时，雌猪会衔草做窝，精神烦躁，呼吸急促，体温下降，时而来回走动，时而端坐，拉屎排尿频。如雌猪躺卧，四肢伸直，每隔1 h左右发生一次阵缩，并且阵缩间隔时间越来越短，全身用力，阴户流出羊水，则很快将分娩出仔猪。

饲养好哺乳雌猪，关键是要提高雌猪的泌乳力和乳质，以保证仔猪的正常发育、健康和新生仔猪高成活率。泌乳期的物质代谢，比空怀雌猪高得多，所需的饲料量也要增加，而且饲料中蛋白质要占15%，维生素A、维生素D、钙、磷都不能缺少，注意定时定量，不要突然改变饲料，保证清洁饮用，适当增加运动，产后少喂，避免消化不良。

仔猪生下来就会寻找母亲乳头吸乳。初乳中含丰富的蛋白质、维生素、免疫抗体和钾盐，以能促使仔猪排出胎粪。雌猪的各个乳房互不相通，各自独立，每个乳房由2~3个乳腺组成。仔猪生后头几天，就有固定乳头吃奶的习惯，直到断乳都不会更换。训练仔猪开食，最好从仔猪生后1周开始，直到产后3周雌猪泌乳量下降时，仔猪已能正式吃料，也不会影响仔猪的生长发育。

仔猪断乳时间一般在60日龄左右，种猪断乳时间可以提前在45 d左右，但仔猪必须在30日龄内正式采食。断乳过晚，对雌猪的健康和仔猪的发育都不利。

（七）记录

每天做好猪的实验管理工作，应观察记录每头编号猪的精神状况、活动情况，饮食是否正常，粪便性状、内容和颜色及有无便秘，呕吐物（包括分泌物）的性状、性质及颜色，有无腹痛弓腰等症状，被毛如何，有无死亡等，发现情况及时与实验负责人联系。

（八）小型猪饲养管理特点

（1）小型猪的饲养管理与普通猪的饲养管理方法基本相同，但要求有所不同。首先，小型猪的饲养目的主要是用于实验研究，有明确的质量等级标准，饲养中要求防止过肥、过重。要根据遗传学控制要求采取相应的繁殖生产方式，保持其品种品系特征，满足实验的需要。

（2）小型猪的饲料可用混合饲料，也可用特制的固型饲料，饲料配方可根据当地实际条件灵活选配。饲料中不得加入抗生素和激素类添加剂。小型猪1 d饲料量，要根据它的体重来计算，一般为体重的2%~3%，仔猪要给予按体重计7%的牛奶或特制人工乳。

（3）小型猪的生长适宜温度为18~25℃，相对湿度为40%~60%。猪舍要求冬季暖和，无过堂风，夏天凉爽通风并有遮阴处。饲养人员每天认真换铺垫物，清扫洗刷猪舍。平时应观察猪的饮食情况以及粪便有无异常。如出现便秘、下痢和呕吐者应对症治疗。

（4）小型猪要进行预防接种，主要预防猪瘟、猪丹毒、猪副伤寒、日本脑炎和猪细小病毒等传染性疾病。还要注射猪传染性胃肠炎和猪萎缩性鼻炎疫苗，所有实验用猪应驱虫。

（5）对新购入的小型猪最少要经过1周的检疫，并使其适应新的环境后才能用于实验。

五、小型猪的营养成分研究

小型猪用于生命科学研究已经有很长的时间，但是关于小型猪的营养需要还没有可依据的科学标准。目前普遍认为实验用小型猪基本营养需求与农用家猪相似，从以往的饲喂管理经验来看，小型猪比较贪食，常是给多少吃多少，如果任其自由采食，会造成小型猪的肥胖，作为实验动物应控制其体重。Bollen等对哥廷根小型猪的研究也证明了这一点。因此，限饲是实验用小型猪饲养过程中常采用的措施，限饲有助于维持小型猪相对恒定的生理学指标。但是限饲不等同于营养缺乏，小型猪营养的供给应该满足其最基本的生理需求，猪饲料的标准的代谢能量13.6 MJ/kg（3 265 kcal/kg），典型的饲料配方代谢能量为9.5 MJ/kg（2 275 kcal/kg）。

一般情况下，小型猪饲料的养分含量与商品化家猪饲料相比，它含有较高的纤维和较低的蛋白，小型猪日粮主要由开食料、生长料、哺乳料和维持料四部分组成。开食料是指用于1~3月龄仔猪吮乳期间诱食、断奶后与其消化能力相适应的饲料；生长料用于3~6月龄育成猪和妊娠母猪的饲料；哺乳料指用于哺乳母猪的饲料；维持料指用于大于6月龄的成年猪维持体况及空怀母猪、种公猪的饲料。

（一）水分

水是动物有机体一切细胞和组织的必需成分，含量一般占体重的50%~70%，血液中达80%以上。主要功能是运输营养物质、排泄废物、调节体温、促进细胞与组织的化学作用及调节组织的渗透等。水是动物所必需的最重要的营养物质之一，是最便宜的饲料成分，但往往容易被人们所忽视。体内各种代谢和生命活动的过程都需要水的存在和参与。小型猪缺水会导致以脑炎为主要特征的"盐中毒"等症状。如果体内失去8%的水分，机体立即出现严重的干渴感觉和食欲丧失，消化作用减慢；机体失水10%，代谢就有可能紊乱；失水20%，动物就有死亡危险。高温季节的缺水后果比低温时更为严重，所以在夏季要供应充足的饮水。

小型猪饲料含水量应为10%~12%，由于小型猪每消耗1 kg的饲料大约需要消耗2.5 L的水。因此，在饲养管理上，小型猪的饮水应该是自由供给的。小型猪的饮水建议采用自动饮水系统，为小型猪提供24 h不间断的干净饮用水。小型猪的饲养过程中如果没有自动饮水系统应将饲料与水混合后饲喂，待小型猪进食完成后再将饲槽内重新灌满干净的饮用水。在冬季应注意水的温度不要太低，防止发生腹泻。在夏季除了要给予充足的水外，还要注意水的干净卫生，降低微生物感染的概率。

（二）蛋白质与氨基酸

蛋白质是生命的起源，一切生命过程都与蛋白质代谢有关，是动物维持生命、生长发育、繁殖不可缺少的营养物质。蛋白质由氨基酸组成，饲料中的蛋白质必须分解成氨基酸才能被吸收。

氨基酸又分为必需氨基酸和非必需氨基酸两大类。前者是动物体内不能合成或合成速度及数量不能满足正常生长需要，必须由饲料中供给的氨基酸；后者是体内能够合成，不需要由饲料中供给的氨基酸。

动物对蛋白质的需要量受生长、发育、妊娠、泌乳、体重和增重速度等影响，此外，饲料中蛋白质所占的能量比例、环境因素，胃肠道内环境与消化吸收的因素、寡肽的吸收与利用、蛋白质内不同氨基酸的含量及比例，均会对蛋白质的需要量产生影响。

猪具有自己平衡营养的能力，国外有人做过这方面的实验：①在配合饲料粗蛋白含量相同，但有氨基酸平衡与不平衡之差这样让猪自由采食，结果可以看到猪会选吃氨基酸组成比较平衡的饲料，而不吃或少吃不平衡的饲料；②将饲料分为无蛋白的饲粮和高蛋白饲粮，而猪不会选择仅吃其中的一种，实验还发现这有性别间的差别，幼母猪要比阉割小公猪采食更多的蛋白质，因前者胴体瘦肉要多些，故多食蛋白质饲料，这些研究都证实猪具有一定的平衡自己营养的能力，但猪为什么能做到这一点，其机制是什么尚不清楚。再者猪不在吃住的位置排大小便，如果人为使猪群密度过大，它就无法表现这一特点。

（三）粗纤维

小型猪对粗纤维的需要量较普通家猪高，能有效地利用青绿饲料。这与其消化道特点有关，盲肠和大肠对粗纤维有很好的消化作用，但是当家猪饲料中粗纤维水平超过7%~10%时就会影响其生长。在对哥廷根小型猪粗纤维需求的研究表明，哥廷根小型猪饲料中粗纤维的比例为11.6%。日粮中的粗纤维能够延长食物通过肠道的时间，研究证实当日粮中的粗纤维水平超过15%时，胃排空速度与食物通过肠道的时间明显增长，在以干草作为主要粗纤维的日粮中，这种现象尤为明显。

研究发现，纤维素可引起小型猪肠道配方饲料营养物质的吸收轻微下降。这说明适量的纤维素对小型猪消化道营养吸收的干扰不大。长期的粗饲使它的消化结构已能很好地利用纤维素。研究表明，饲料中添加适量的粗纤维，可代替一部分能量饲料，而且还可以增加肠的蠕动、提高小型猪的消化能力等。但是，要严格限制粗纤维的添加量，过多食用食物纤维会引起腹部不适，干扰蛋白质、维生素和矿物质等营养的吸收。因此，添加的粗纤维要与小型猪的消化能力相一致，避免营养物质的浪费，影响小型猪的实验稳定性。

（四）矿物质

猪采食饲料主要是植物性饲料，然而植物性饲料所含的矿物质无论数量还是比例，与猪的营养需要很不相适应。因而必须另外补充矿物质。食盐、钙、磷为常用的矿物质饲料，而微量元素则多用作矿物质营养添加剂应用。大多数植物性饲料含钠、氯很少，故常用食盐补充，一般占日粮重量的0.3%。猪常用的钙磷矿物质饲料有骨粉和磷酸氢钙。石粉中仅含有钙，不含磷。骨粉或磷酸氢钙在日粮中用量的1.5%~2.5%，可以满足磷的需要，在生长肥育期的日粮中还要添加0.5%~1.0%的石粉，可满足钙的需要。在完全的平衡日粮中，还要补加铁、铜、锌、锰、钴、硒和碘等微量元素。所添加微量元素都是相应的盐类，氧化物按一定比例配制而成的添加剂使用。常用的微量元素化合物有硫酸亚铁、硫酸铜、硫酸锌、硫酸锰、硫酸钾、氯化钴与亚硒酸钠。

乳猪出生时从母体获得的铁十分有限，只能维持最初几天的生长需要，而母乳如果不能提供足够量的铁来补充乳猪的生长需要，就会造成营养性缺铁。铁是红细胞必不可少的组成成分，缺铁会造成乳猪的贫血，为了有效地防止乳猪缺铁，应该在乳猪出生后进行补铁。在饲喂过程中应保证饲料中铁含量的充足。

（五）维生素

小型猪对维生素的需要量很少，但是维生素对生长发育却起着重要作用。如果缺乏某一种维生素时，会引起代谢紊乱，发生严重的疾病，甚至死亡。在饲喂中如果发现维生素供应不足，其结果可引起小型猪消瘦、仔猪生长停滞、免疫功能下降、代谢紊乱和抵抗力下降等。母猪则引起不孕和流产等。在小型猪的生长发育过程中，较重要的是维生素A、维生素D、维生素E和B族维生素中的几种，因为它们在猪体内不能自行合成或合成量较少不能满足机体代谢的需要，需要靠饲料供应。

（六）小型猪营养的吸收和分布研究

在营养代谢研究中，人们无法通过常规方法来区分机体内源性和外源性的同一营养物质，更无法追踪外源性营养物质在被摄入体内以后所经历的代谢动力学过程。采用特定的同位素标记物进行示踪则为最准确、简便和灵敏的手段。由于放射性同位素的种类以及在人体和环境应用中所受到限制，稳定同位素在营养代谢研究中的使用成为首选，得到广泛应用，常用的稳定同位素包括^{15}N、^{13}C、^{2}H、^{18}C、^{42}Ca、^{44}Ca等，可用于蛋白质和氨基酸的代谢动力学。对营养吸收状况的追踪已经从之前的单同位素示踪到现在的多轨迹同位素示踪，可以同时追踪多种物质，以探究它们代谢过程以及他们代谢之间的相互作用。可以追踪氨基酸、矿物质、脂质等任何感兴趣的物质。

早在1992年同位素示踪技术就开始使用，稳定标记的同位素示踪已经被广泛应用于蛋白或氨基酸、脂质和碳水化合物代谢的研究。放射性同位素得以广泛应用于活性物质示踪主要依赖于其最重要的两个特点：一是与被示踪的物质有同一性，即放射性核素与其同种元素的非放射性核素在化学和生物学特性上具有高度一致性，不致扰乱和破坏体内外生理过程的平衡状态；二是与被示踪的物质有可区别性，放射性核素的原子核不断衰减，发出能被放射性探测仪所探测的射线，从而实现对标记物的定量及定位。放射性核素的这两个特点使其与其他方法相比具有不可比拟的优越性。此外，放射性同位素示踪技术还具有灵敏度高、专属性强、适用性广、检测方法简便等优点，因此，在营养吸收、分布、代谢、排泄研究中得到了广泛的应用。

1. 稳定同位素在蛋白质代谢研究中的应用

用稳定同位素来测定某一器官或某一类蛋白质便能准确地反映机体蛋白质的变化，但这需要通过手术或组织活检来获得样本，在动物实验中还是容易实现的。机体蛋白质代谢是一个复杂的过程，长期以来人们一直用氮平衡反映机体蛋白质的代谢，实际上这仅反映了体内氮的潴留情况，作为一种静态指标不能反映机体蛋白质代谢的动态变化而稳定性同位素的监测可以反映此动态变化。作为蛋白质代谢的示踪剂有多种，通常最常用^{15}N-赖氨酸，尤其是它的双分子标记，给临床和实践都带来了莫大的方便，解决了体内蛋白质库与氨基酸库之间的固有假设。赖氨酸是一种必需氨基酸，有以下特点：目前研究显示赖氨酸是所有氨基酸中最适合蛋白质代谢研究的氨基酸，其体内代谢途径很少，几乎无转氨基作用；二甲基氨基甲又甲酯衍生物的α-氨基酸位使^{15}N富集更容易被检测；此酯衍生物容易获得；赖氨酸是血浆中游离氨基酸浓度最高者之一；在血浆中得到均值的时间最合理。基于以上特点，赖氨酸被广泛应用。还可用于研究在不同的生理状态和病理状态下，不同器官组织的蛋白质合成和代谢，有助于了解蛋白质代谢的影响因素及其作用机制。

2. 稳定同位素在钙代谢研究中的应用

钙是人体骨骼和牙齿的主要构成成分，参与骨代谢。摄入足量的钙对于新生儿骨骼发育、维持机体健康、预防骨质疏松具有重要的作用。长期以来，钙代谢研究多通过传统的平衡试验来进行，然而由于这类试验研究时间太长而不易被人们接受。而且，平衡试验只能计算钙的表观吸收率，无法进行钙吸收的动力学研究。钙稳定性同位素技术无须面临这些问题，而且不受肠道排泄不全或者排空时间变异及尿量等因素的影响。但是稳定性同位素要求有特殊的仪器设备来检测，价位较高。该技术可用于测定钙的吸收率、不同发育阶段钙的需要量、评价影响钙吸收的因素等。

3. 研究模型实例：多轨迹示踪法研究精氨酸摄入对整体精氨酸代谢影响

选用1~2日龄猪，外科手术植入胃管用于食物和同位素输注，股静脉插入导管用于采集血样，股静脉插管继续前行至下腔静脉，用于采取混合静脉血。术前给予2 d的全营养，术后采用敏感性压力泵通过胃导管输注肠内营养，根据实验设计增加/减少精氨酸的用量，饲喂5 d后，持续6 h输注同位素标记的精氨酸、瓜氨酸、鸟氨酸和脯氨酸，研究精氨酸及其前体的代谢。每隔24 h采血样1次（每次2 mL），直到实验的最后，该血清可用于分析血氨浓度、尿素氮、硝酸盐和亚硝酸盐的浓度。在持续输注前2 h便开始采血，每间隔1 h采一次，每次1 mL，直到输注结束，血样用于分析血中氨基酸的浓度。这样的采血频率和采血量只有在大动物模型上才可能实现，所以猪是研究营养代谢的适宜模型。

第五章 实验动物兔

一、家兔在生物医学研究中的应用

（一）免疫学研究

家兔的最大用处是产生抗体，制备高效价和特异性强的免疫血清。免疫学研究中常用的各种免疫血清，大多数是采用家兔来制备的，广泛地用于人、畜各类抗血清和诊断血清的研制。①病原体免疫血清：如细菌、病毒、立克次体等免疫兔血清等。②间接免疫血清：如兔抗人球蛋白免疫血清、羊抗兔免疫血清等。③抗补体抗体血清：如免疫豚鼠球蛋白免疫血清等。④抗组织免疫血清：如兔抗大白鼠肝组织免疫血清、兔抗大白鼠肝铁蛋白免疫血清等。

（二）生殖生理和避孕药的研究

利用家兔可诱发排卵的特点进行各种研究。如雄兔的交配动作或静脉注射绒毛膜促性腺激素（每只80~100 U）均可诱发排卵，使家兔人工授精后进行生殖生理学的研究。也可用于避孕药的筛选研究。注射某些药物或孕酮可抑制排卵，家兔排卵多少以卵巢表面带有鲜红色小点的小突起个数表示。由于雌兔只能在交配后排卵，所以排卵的时间可以准确判定，同期胚胎材料很容易取得。

（三）胆固醇代谢和动脉粥样硬化症的研究

最早用于这方面研究的动物就是家兔，如利用纯胆固醇溶于植物油中喂饲家兔，可以引起家兔典型的高胆固醇血症、主动脉粥样硬化症、冠状动脉硬化症。家兔复制这类动物模型具有很多优点：①比较温驯，容易饲养管理。②对致病胆固醇膳食的敏感性高，兔对外源性胆固醇吸收率高达75%~90%，而大白鼠仅为40%，对高脂血症清除能力较低，静脉注射胆固醇乳状液后，在家兔引起的持续脂血症为72 h，而大白鼠仅为12 h。因此，造型时间短、成型快。家兔一般3个月左右即可成型，而犬需14个月，鸡需数个月至年余，猴需6个月、1年甚至数年。③家兔的模型有高脂血症、主动脉粥样硬化斑块、冠状动脉粥样化病变，与人类的病变基本相似，而大白鼠和鸡模型与人类病变相比，则差异较突出。④用家兔造型比较经济便宜，比犬及猴等动物实验节省人力、物力和财力。

（四）眼科的研究

家兔的眼球甚大，几乎呈网形，眼球体积5~6 cm^3，重3~4 g，便于进行手术操作和观察，因此家兔是眼科研究中最常用的动物。同时在同一只家兔的左、右眼进行疗效观察，可以避免动物年龄、性别、产地、品种等的个体差异。如常用家兔复制角膜瘢痕模型。在双眼角膜上，复制成左右等大、等深的创伤或瘢痕，用于观察药物对角膜创伤愈合的影响，筛选治疗角膜瘢痕的有效药物及研究疗效原理。选用家兔要有色的，因为白色家兔的虹膜颜色是白色，和角膜浅层瘢痕的颜色相似，对比度不鲜明。还可在眼前房内移植脏器后，观察激素对脏器的作用；移植卵巢皮质，可观察药物对排卵的影响。

（五）发热、解热和检查致热原等实验研究

家兔体温变化十分灵敏，最易产生发热反应，发热反应典型、恒定，因此常选用家兔进行这方面的研究。

（1）给家兔注射细菌培养液和内毒素可引起感染性发热：如给家兔皮下注射杀死的大肠埃希菌或乙型副伤寒杆菌培养液，几小时内即可引起发热，并持续12 h；给家兔静脉注射伤寒—副伤寒四联菌苗0.5~2.0 mL/kg，菌苗含量应不低于100亿/mL，注射后1~2 h，即见直肠温度上升1.0~1.5℃，持续3~4 h。

（2）给家兔注射化学药品或异性蛋白等可引起非感染性发热：如皮下注射2%二硝基酚溶液（30 mg）15~20 min后开始发热，1.0~1.5 h达高峰，升高2~3℃；皮下注射松节油（0.4 mL）后18~20 h引起发热，24~36 h达到高峰，升高1.5~2.0℃；肌内注射10%蛋白胨1.0 g/kg，可在2~3 h内引起发热，体温升高显著；皮下注射消毒脱脂牛奶3~5 mL，通常3 h后体温升高1.0~1.5℃。

（3）药品生物检定中热原的检查均选用家兔来进行。热原是微生物及其尸体或微生物代谢产物，其化学成分为菌蛋白、脂多糖、核蛋白或这些物质的水解物。如大肠埃希菌提取的热原0.002 μg/kg即能使家兔发热，因此，家兔广泛应用于制药工业和人、畜用生物制品等各类制剂的热原质试验。

（六）微生物学研究

家兔对许多病毒和致病菌非常敏感，适用于各种微生物学的研究，如对过敏、免疫、狂犬病、天花、脑炎等的研究。

（七）心血管和肺源性心脏病的研究

家兔颈部神经血管和胸腔的特殊构造，很适合作急性心血管实验，如直接法记录颈动脉血压、中心静脉压，间接法测量冠状动脉流量、心搏量、肺动脉和主动脉血流量等。不适合复制心血管和肺源性心脏病的各种动物模型。如结扎家兔冠状动脉前降支复制实验性心肌梗死模型；以重力牵拉阻断冠状动脉法复制家兔缺血性濒危心肌模型；通过选择阻断冠状动脉左室支位置的远近及牵拉重力的大小，可调整心肌梗死的范围及程度，故也可复制心源性休克或缺血性心律失常型；静注乌头碱100~150 mg、盐酸肾上腺素50~100 μg/kg，可诱发家兔心律失常；静注1%三氯化铁水溶液，每次0.5~4.0 mL，每周2~6次，总剂量为25 mL，注完后45 d可形成肺源性心脏病；小剂量三氯化铁（11 mL）加0.1%氯化镉生理盐水溶液雾化吸入，连续10次，雾化停止后10 d可形成肺水肿。也可采用兔耳灌流、离体

兔心等方法来研究药物对心血管的作用。

(八)皮肤刺激反应实验

家兔和豚鼠皮肤对刺激反应敏感,其反应近似于人。常选用家兔皮肤进行毒物对皮肤局部作用的研究;兔耳可进行实验性芥子气皮肤损伤和冻伤烫伤的研究;化妆品对皮肤影响的研究,耳朵内侧特别适宜做对皮肤的研究。

(九)急性动物实验

常选用家兔做失血性休克实验、肠毒素赶走的休克实验、微血管缝合、离体肠段和子宫的药理学实验、阻塞性黄疸实验、眼球结膜和肠系膜微循环观察实验、卵巢和胰岛等内分泌实验,以及离体兔耳和兔心的各种分析性研究等。

(十)遗传性疾病和生理代谢失常的研究

如进行性软骨发育不全、低淀粉酶血症、维生素A缺乏症、小脑症、动脉粥样硬化等研究。同时也广泛应用于研究药物的致畸作用或其他干扰正常生殖过程的现象。

(十一)进行各种寄生虫病及畸形学的研究

进行各种人用和畜用生物制品中的毒素、类毒素和病毒素皮肤反应试验,以及制品的效价试验、安全试验,化学工业上的急性和慢性毒素试验等。

二、家兔常用品系

由于生物学和医学领域不同科学研究目的的需要,经长期的选择培育已形成了不同用途的品种和品系。不论在体形大小、被毛结构、毛色特征、生产性能、生长发育和生理生化、免疫功能等方面都有很大的差异。

目前世界各国供实验用的主要家兔品种中用于采血的大型兔有新西兰白兔和弗莱密希兔等;供做肿瘤动物模型和其他特殊实验的小型兔有波兰兔和荷兰兔等。在美国供研究用的有12个品种,其中以新西兰白兔应用最广;在日本主要使用日本白兔和新西兰白兔,前者因地区不同而有很大差异,已确立Jw-Nibs和Jw-Csk两个品系。

用兄妹交配20代以上培育家兔近交品系相当困难,尽管如此,还是确立了不少近交系,据美国实验动物资源研究所(ILAR)的目录上记载有30个以上,但不都是兄妹交配形成的。在1986年已知英国维持16个近交系;美国维持13个近交系。据记载日本也保持20个以上的品系,但不都是近交系。其中m/J起源于新西兰白兔,ACEP/J起源于荷兰兔,Y/J起源于荷兰兔,都是从美国Jackson研究所引进的近交品系。

实验用兔多达数十种,我国常用的为如下几种。

(一)日本大耳白兔

原产于日本,是用中国白兔与日本兔杂交培育而成,属皮肉兼用型。被毛全白,眼睛红色,头方形,四肢粗壮,耳大高举,耳根细,耳端尖,形同柳叶。母兔颌下有肉髯。体形中等偏大，成兔体重4~5 kg。繁殖力强，每胎产仔7~9只，初生重60 g左右。

该兔适应性好，我国从南到北均有饲养，是我国饲养数量较多的一个品种，由于耳大血管明显，是较理想的实验用兔。

（二）新西兰白兔（New Zealand White）

原产于美国，是世界上著名肉用兔品种。该兔于21世纪初在美国育成，颜色有棕红色、黑色和白色3种。

世界上饲育较多的是新西兰白兔，也是美国用于实验研究最多的品种，已培育成近交品系。新西兰白兔被毛全白，头宽圆而粗短，耳较宽厚而直立，臀圆，腰肋部肌肉丰满，四肢粗壮有力，性情温驯，易于管理。体形中等，成兔体重4~5 kg，繁殖力强，平均每胎产仔7~8只。该品种性情温和，易于管理，广泛用于皮肤反应试验、热源试验等方面。

（三）青紫蓝兔

原产于法国，是20世纪初育成的著名皮用品种，1913年首先在法国展出，分标准型、中型（美国型）和大型3种。因毛色很像产于南美的珍贵毛皮兽"青紫兰"而得名。每根毛可分为三段颜色：毛根灰色，中段白色，毛尖黑色。耳尖、尾、面部呈黑色，眼圈、尾底部及腹部为白色。耳一垂一竖，母兔额下有肉揸。大型体重可达4~6 kg，体健壮，耐寒，适应性强，生长快。

我国饲养的多为中型、体质结实、腰臀丰满，成兔体重4.1~5.4 kg，繁殖能力较好，平均每胎产仔6~8只；40 d离乳仔兔个体体重达0.9~1.0 kg，90日龄平均体重2.2~2.5 kg。

该兔因适应性强，容易饲养，在我国分布很广，早就用于实验研究和药品检验，近几年由于市场上对白兔的需求量较大，仅少数单位用于生物制品的检验。

（四）中国夯兔

是世界上较为古老的品种之一，我国各地均有分布，以四川等地饲养较多。该兔主要特点为：头形清秀、嘴较突、体形较小，但全身结构紧凑而匀称，被毛全白，毛短而密，皮板较厚，眼睛红色，成兔体重2.0~2.5 kg，性成熟较早，繁殖力高，年产仔5~6胎，每胎6~8只，最高达15只以上。适应性好，抗病力强、耐粗饲。很早就用于实验研究和生物制品生产，多在民间饲养，各实验动物机构饲养较少。应注意对其进行选育和保种工作，以便培育成我国特有的实验用家兔小型品种。

三、家兔生物学特性

兔（Oryctolagus cuniculus）属哺乳纲、兔形目、兔科。兔科中有真兔属（Oryctolagus）、野兔属（Lepus）和白尾棕色兔属（Sylvilagus）。目前作为实验动物使用的兔为真兔属，也有的实验使用野兔和白尾棕色兔属。兔品种资源丰富，在美国实验动物资源研究所（ILAR）的目录上，用于实验用的兔品种或品系资源有30多个，其中包括13个近交系。另外在英国维持着16个近交系兔，日本保存了20多个兔品种资源。除常用兔品种外，美国

JAX公司还保存了数个突变品系。我国最常用的实验兔品种主要有3个，包括新西兰兔、日本大耳兔和青紫兰兔，另外也少量使用中国白兔、哈白兔和WHBE兔（白毛黑眼兔，浙江中医药大学培育）等特有品种资源。

（一）一般的生物学特性

家兔虽然经人类长期的驯化和培育已成为一种常用的实验动物，但仍然继承了其祖先野生穴兔的大部分生活习性。

1. 夜行性、嗜眠性

家兔在夜间十分活跃，据测定，家兔晚上所采食的饲料占全天的75%左右，饮水占60%左右。在白天，家兔表现安静，除喂食时间外，常常闭目睡眠。若使其仰卧，顺着毛向抚摸其胸腹部并按摩太阳穴时，可使其进入睡眠状态。利用这一特点，在不麻醉的情况下可进行短时间的实验操作。

2. 听觉嗅觉灵敏

家兔具有发达的听觉和嗅觉器官并特别灵敏，但异常胆小，如受惊过度往往乱奔乱窜，甚至冲出笼门。可凭嗅觉来判断仔兔，对非亲生仔兔常拒绝哺乳，甚至把仔兔咬死。散养的家兔喜欢穴居，有在泥土地上打洞的习性。

3. 性情温顺，群居性差

如果群养，同性别成兔经常发生斗殴咬伤，因此实验兔适于笼养，较易于管理。虽性情温顺，但若捕捉不当常被其利爪抓伤皮肤，在饲养管理和实验操作中要注意正确的抓取方法。

4. 厌湿喜干耐寒怕热

家兔的被毛较发达，汗腺较少，能够忍受寒冷而不能耐受潮热。当气温超过30℃或环境过度潮湿时，成年母兔易引起减食、流产、不肯哺乳仔兔等现象，在炎热的夏季还是家兔传染病易于暴发的季节。

5. 啮齿行为

家兔的牙齿终生处在不断生长的状态，因此同啮齿类一样喜欢磨牙且有啃咬的习惯，在设计笼舍和饲养器具时应注意这一点，特别是饲料中应有一定比例的粗纤维。

6. 家兔有食粪的特性

正常的兔粪有两种类型，一种是通常看到的圆形颗粒硬粪，为正常粪便，是消化正常的象征；一种是暗色成串的小球状粪便，表面附着少量黏液内含流质物，即软粪。硬粪在白天排泄，软粪在晚上排出。据实验分析，软粪中粗蛋白质含量要比硬粪高3倍左右且含有丰富的维生素，家兔食粪即直接从肛门吞食软粪，一般认为有促进营养物质再利用的意义。家兔的食粪行为是一种正常的生理行为，开始于3周龄，哺乳期的仔兔无食粪现象。

（二）解剖学特点

1. 运动系统

全身骨骼共275块，构成身体的支架。前肢较短而弱，后肢较长而有力。前后脚各有

5趾，第一趾短，特别是后脚的第一趾隐在毛内几乎看不到，除第一趾外每趾都有三节趾骨。末节趾骨的头端有略弯的指爪，极为锐利。全身有肌肉300多条，肌肉总重量约为体重的35%。兔的前半身肌肉不发达，而后半身肌肉很发达。

2. 消化系统

上唇纵裂，形成豁嘴，因而门齿外露。牙齿齿式为（2 033/1 023）×2=28。唾液腺有4对，即腮腺、颌下腺、舌下腺及家兔所特有的眶下腺。家兔为单室胃，胃底特别大，分为前小弯和后大弯。小肠和大肠的总长度约为体长的10倍。盲肠非常大，容积占腹腔的1/3以上，长度和体长相接近，与所有家畜相比兔的盲肠比例最大。盲肠末端为一个长约10 cm的较细的弯状蚓突，其壁较厚，是一个淋巴组织，其中富有淋巴小结。在回肠和盲肠相接处膨大形成一个厚壁的圆囊，这就是兔所特有的圆小囊（淋巴球囊）。圆小囊有发达的肌肉组织，内壁呈六角形蜂窝状，囊壁内富含淋巴滤泡，其黏膜不断分泌碱性液体，可以中和盲肠中微生物分解纤维素所产生的各种有机酸，有利于消化吸收功能。

3. 生殖系统

雄兔的腹股沟管宽短，终生不封闭，睾丸可以自由地下降到阴囊或缩回腹腔。雌兔有2个完全分离的子宫，为双子宫类型。左右子宫不分子宫体和子宫角，2个子宫颈分别开口于单一的阴道。

4. 循环系统

胸腔构造与其他动物不同，其特点为中部纵隔连于胸腔的顶、底及后壁之间，将胸腔分为左右两室，互不相通。肺被肋胸膜隔开，心脏又被心包膜隔开。开胸后打开心包暴露心脏进行实验操作时，动物不需做人工呼吸。

5. 神经系统

颈神经血管束中有3根粗细不同的神经。最粗、白色者为迷走神经；较细、呈灰白色者为交感神经；最细者为减压神经，位于迷走神经和交感神经之间。减压神经属于传入性神经，其神经末梢分布在主动脉弓血管壁内。在感觉器官中，耳大而薄，且表面分布有清晰的血管，便于实验操作。

6. 皮毛系统

表皮很薄，真皮较厚，坚韧而有弹性。被毛是皮肤的附属物，被毛的颜色和长度，是一种遗传性状，可以作为识别品种的主要特征。成年家兔全身被毛一年更换两次。汗腺很不发达，仅在唇边及腹股沟部有少量分布；皮脂腺遍布全身，能分泌皮脂、油润被毛。

（三）生理学特点

1. 一般生理学特性

（1）家兔属于恒温动物，正常体温一般认为是38.5~39.5℃，体温调节主要利用呼吸散热维持其体温平衡。如果外界温度由20℃上升到35℃时，呼吸次数可增加约7倍。可见，高温对家兔是有害的，如果外界温度在32℃以上，生长发育和繁殖效果都显著下降。

（2）环境温度变化的适应性，有明显的年龄差异，幼兔比成年兔可忍受较高的环境温度。初生仔兔体温调节系统发育很差，因此体温不稳定，至10日龄才初具体温调节能力，至30日龄被毛形成，热调节功能进一步加强。适应的环境温度因年龄而异：初生仔兔窝内温度30~32℃；成年兔15~20℃，不高于25℃。

（3）家兔在正常的生命活动中有两种换毛现象，一种是年龄性换毛，一种是季节性换毛。年龄性换毛：仔兔初生时无毛，第4天开始长毛，30 d后乳毛全部长齐，到100 d左右开始年龄性换毛的第一次脱换乳毛，又从130~190 d时开始第二次换毛，此时换毛结束，就意味着基本上已经成年。季节性换毛：成年兔每年在春（4—5月）、秋（9—10月）均有一次换毛现象。换毛期间是兔体抵抗力最差的时候，特别是育成兔，在第二次年龄性换毛过程中抵抗力更差，最易发生消化系统疾病。

2. 生长发育

仔兔出生时全身裸露，眼睛紧闭、耳闭塞无孔，趾趾相连，不能自由活动，出生后3~4日龄即开始长毛；4~8日龄脚趾开始分开；6~8日龄耳出现小孔与外界相通；10~12日龄眼睛睁开，出巢活动并随母兔试吃饲料，21日龄左右即能正常吃料；30日龄左右被毛形成。仔兔出生时体重约50 g，1个月时体重相当于初生时的10倍，初生至3个月体重增加迅速，3个月以后体重增加相对缓慢。不同品种与不同性别的幼兔，其生长速度并不完全相同。家兔的性成熟较早，小型品种4~5月龄，中型品种5~6月龄，大型品种6~7月龄，体成熟年龄约比性成熟推迟1个月，寿命为8~10年。

3. 消化生理特点

（1）家兔属草食性动物。家兔盲肠特别发达，并有特殊的圆小囊，其黏膜不断地分泌碱性液体，可中和盲肠中微生物分解纤维素所产生的各种有机酸，因此给盲肠中分解纤维素的微生物提供了良好的生活环境。借助微生物的发酵作用，使纤维素消化率高于其他实验动物。为了满足消化生理功能上的需要，家兔的饲料中应保证一定比例的粗纤维供应，若纤维素供应不足，将会影响大肠中细菌丛的变化而引起消化不良症，并诱发各种疾病。

（2）有食粪特性，是正常的生理现象。软粪是一种软的团状粪便，在夜间排出。软粪排出后即被兔自己吃掉，经分析软粪含有很高的蛋白质和维生素，但无菌兔和摘除盲肠兔无食粪行为。

（3）家兔本性贪食，尤其喜食青绿饲料。当在冬春寒冷季节喂给多量的冰冷湿料和青绿饲料时，易引起肠道代偿性的运动增强而使内部功能失去平衡，造成肠道菌群异常增殖而形成腹泻。

（4）家兔的回肠管壁较薄，具有较大的通透性，特别是幼兔的通透性更为明显。当幼兔消化道发生炎症时，其肠壁渗透性增强使有毒物质可直接进入体内，所以幼兔患消化道疾病时症状严重，并常有中毒现象。

（5）在遗传学上家兔具有产生阿托品酯酶（atropinesterase）的基因，因此家兔即使吃了含有颠茄叶的饲料后，也不会引起中毒症状，认为是由其血清和肝中的阿托品酯酶破坏了生物碱所致。

4. 生殖生理特点

（1）性成熟。用于实验的家兔品种很多，性成熟期也有差异，一般大型兔如新西兰白兔性成熟较迟，在生后7月龄以上，体重可达5.5~6.5 kg。中型兔如日本大耳白兔，性成熟在生后6月龄，体重4.5 kg。一般对于初配年龄的掌握，雌兔为6~7月龄，雄兔为8~9月龄。家兔的生育年龄可达5~6年，一般情况下随着年龄的增加产仔率降低，在生产中可利用年限为2~3年。

（2）发情与排卵。家兔属刺激性排卵，交配后10~12 h排卵。雄兔无发情期而是经常处在发情状态，在任何时候均有可能交配。但雌兔可出现性欲活跃期，表现为活跃、不安、跑跳踏足、抑制、少食，外阴稍有肿胀、潮红、有分泌物，可持续3~4 d，此时交配，极易受孕。但无效交配后，由于排卵后黄体的形成，可出现"假孕"现象，表现为乳腺、子宫增大等，经16~17 d而终止。

（3）雄兔的性活动。雄兔的交配能力依年龄、品种、健康状况、环境温度和交配次数而异，虽一年四季均可顺利交配，但在换毛期和高温季节性活动减弱。在正常情况下以每周交配3~5次为宜。

（4）交配。一般发情雌兔，除后肢蹬踏板和颚部擦笼外，还表现为同笼雌兔间相互爬跨有类似雄兔交配姿态，其中外阴部肿胀呈粉红色者最易接受交配。雌兔产仔后1~2 d内可有发情表现，称为产后发情，此时的母兔也可顺利接受交配。交配时可将雌兔放到雄兔笼中，此时雄兔会追逐雌兔，若交配顺利则在5~15 min内完成。一般为了保证雌兔受孕，可与第2 d重复交配1次。

（5）妊娠。交配成功3~5 h后，精子可到达输卵管。精子和卵子在输卵管膨大部和狭窄部的结合处进行结合，结合后的受精卵经22~26 h为2个细胞卵裂期，并继续分裂，72 h后移行至子宫内，继续形成胚囊，在第7天左右着床。着床时的胚囊直径达到5 mm，有3%~10%受精卵在着床前或有20%以上在着床后妊娠8~17 d时死亡。此种死亡的胚胎组织迅速被组织吸收。98%的家兔的妊娠期在30~33 d，一般它与光照和周围温度有关。若超过35 d时则大多为死产。一般在怀孕的10~12 d有经验的人可以触摸到兔胎，14~16 d可明显地摸到兔胎。

（6）分娩。雌兔在怀孕最后的2~3 d期间，开始叼草筑巢并从自体的胸部和腹部拉毛铺垫其上为幼兔营造巢穴，此时孕兔食欲不振，一般在最后一天的凌晨左右分娩。在无其他因素影响的情况下，30 min内可完成分娩过程。包在羊膜内的胎儿，连同胎盘一起产下，母兔咬破羊膜并吃掉羊膜和胎盘，舔净仔体上的羊水和血液。一般情况下，家兔的分娩过程不需人工辅助，并应尽可能保证环境的安静，防止雌兔受到惊吓而引起吃仔现象。

（7）哺乳。母兔通常在凌晨或夜间哺乳仔兔，且时间短。一般情况下哺乳期可为42 d，若繁殖过密则只能为28 d。

（8）产仔数和新生仔体重。雌兔可产仔1~12只，一般为5~10只，依品种不同而异，往往是小型兔高产而大型兔低产。所产仔兔越多初生重就越低。

四、家兔的饲养管理

(一)环境条件

不同级别的兔饲养实验室,其环境条件应符合国家实验动物环境及设施标准要求,室内应保持安静、清洁、干燥和通风。

(二)笼具

兔笼目前一般为镀锌铁丝或不锈钢丝做成,笼底间距以1 cm为宜。笼底板要求兔粪易于掉下,兔行走方便。笼底板下放置盛粪盒,要求能自由推进,便于清洗消毒。通常笼宽为兔体长的18～20倍,笼深为体长的1.3～1.5倍,笼高为体长的1.2倍。配置食槽固定在兔笼上,可转动或自由取下。要求饲料既能被兔顺利采吃,又不致被扒拉打翻和污染,食槽最好用金属片制作。配置饮水器,最好用倒置玻璃瓶饮水,此种方法简单易行,清洁卫生,安全可靠。

(三)饲料和饮水

采用全价营养颗粒饲料,须达到国家规定的营养需要和卫生质量标准,并满足不同阶段的营养要求,饲料配方稳定,特别要注意粗纤维的含量。喂食要每天定时定量,上、下午各1次,下午可稍多喂,喂量以每天刚好吃完为宜。3月龄内的幼兔要少喂多添,离乳至3月龄的兔,颗粒料由60 g逐渐增加至120 g;育兔(2.5 kg)为150 g左右,妊娠母兔为180 g左右,休养母兔和公兔为120~150 g,防止过食或不足。

水的质量应符合相应微生物控制级别的要求,普通级家兔的饮用水要符合城市生活用水标准,普通级以上家兔的饮用水要经过灭菌、纯化或用酸化水(用盐酸将水的pH值调至2.5~2.8)。应每天检查自动饮水装置,以防漏水和管道阻塞,保证有适量的新鲜自来水,如果不用自动饮水器应每天清洗饮水水具,并加水2次,每周消毒2次。

(四)清洁卫生和消毒

严格执行卫生消毒和检疫防疫制度。未进动物前,应对饲养间进行彻底清扫,对笼饲具进行清洗,密闭熏蒸消毒;新购入的、具有合格证的实验兔应放到相应的动物检疫室内适应观察。实验兔一般应单笼饲养,尽量避免2只以上同笼(防止雄雌交配和相互咬伤)。如果是自动冲水架,应每天检查自动冲水的运行情况,每天冲洗粪便(冲洗之前注意观察粪便情况),接粪板上的尿碱应及时清洗,室内地面每天打扫并洗拖1次,每周以消毒液消毒2次。笼架与兔笼上的兔毛、尘土每周要擦1遍,窗门玻璃每月擦1次,兔活动式底板与食槽每周必须彻底干式消毒1次;室内用具物品应定点、定位摆放,并保持室内清洁、卫生及干燥的环境。

实验前、实验期、实验后如发现家兔出现疑似传染病(如兔瘟)或人畜共患病症状,处理方法同大、小鼠的有关内容。

（五）观察和记录

工作人员每天应检查水、电、换气、空调等设施的运行情况，登记好饲养室内温、湿度，然后观察兔的饮水、饲料摄入量情况，兔的健康状况（特别注意粪尿是否正常），还有产仔、哺乳、仔兔情况，如有异常，应迅速处理，并报告上级责任人，认真做好各种记录。

（六）性别鉴定

初生仔兔可观察其外阴部孔洞形状和距离肛门的距离。孔洞扁形，大小与肛门相近，距肛门较近者为雌兔；孔洞圆形而略小于肛门，距肛门较远者为雄性。

开眼后的幼兔可检查外生殖器。用食指、中指夹住幼兔尾巴，大拇指轻轻向下按压生殖器，顶端呈圆形且下为圆柱体者为雄性；顶端前联合圈，后联合尖者为雌性。

成年兔的性别较易识别，雄兔头部大而呈短圆形，雌兔头部小而略呈长形。另外，还可通过看有无阴囊来判断雌雄。

（七）种公兔的管理

种公兔要品质优良，发育良好，体格健壮，性欲旺盛。3月龄后应雌雄分笼饲养，严防早配、乱交。一兔一笼，有充足的活动空间。配种时应把母兔捉到公兔笼而不反之。种公兔1 d内交配2次，每交配2 d后应休息1 d，换毛期不配或少配。应有详细的配种记录。

（八）空怀种母兔（休养期）的管理

母兔哺乳时，体力消耗大，身体比较瘦弱，需要补偿提高健康水平，但又要防止过肥，有利于母兔正常发情排卵，适时配种。

（九）怀孕母兔的管理

做好护理，防止流产，不要随意捕捉怀孕母兔，以保持安静；同时应供应充足的优质饲料，特别是中晚期，饲料量增加50%，蛋白质增加20%~40%；按预产期提前2~3 d，换干净笼子，放好消毒的产箱，铺好棉花，做好产前准备；分娩时注意安静、光线不能过强。分娩后及时检查，清理产箱，去除污毛、血毛、死胎，补充垫料，重新整理巢窝，检点出生仔兔数，做好记录。如发现不拔毛或拔毛少的母兔，应将其胸部或腹部，特别是乳头周围的毛轻轻拔除，以防止仔兔吸吮不到母乳。

（十）哺乳母兔的管理

笼具要保持清洁，定期消毒。食具、饮水器应每天清洗，每周消毒。产箱内有粪便要及时换上干净的垫料；增强营养，特别是蛋白质的含量，随着仔兔日龄增长，注意饲料喂量，保证足够饮水；经常检查母兔的哺乳和仔兔的吸奶情况，有不会哺乳的，应人工将母兔轻轻放入产箱，促其哺乳，每天1~2次，每次5 min，连续2~3 d，有的母兔就会自己哺乳，产后3 d，调整好仔兔数。

要特别注意检查母兔的乳房，一旦发现红肿、硬块，表明患有乳腺炎，要及时治疗，以保证种兔生产能力的发挥。

（十一）睡眠期（出生至12日龄）仔兔的管理

仔兔出生6~10 h内应吃到初乳，可帮助仔兔排粪。仔兔出生3~5 d内周身无毛，无体温调节能力，要做好保温工作。为保证仔兔的哺乳及母兔的休息，可采用早晚各1次的哺乳方法，即将仔兔放在培育箱内集中保温饲养，定期将仔兔送到母兔产箱内哺乳。

（十二）开眼期（13日龄至断奶）仔兔的管理

此期仔兔生长发育增快，需要的营养物质增加，但母兔的泌乳量在18~21日龄达到高峰后会逐渐降低，应尽早为仔兔补充易消化的饲料。仔兔在20日龄后已开始吃料，仔兔与母兔同笼饲养，应适当增加饲料量。仔兔一般为50~60 d、体重应在1 kg以上时断奶。

（十三）断奶仔兔的管理

断奶仔兔指断奶至3月龄的小兔。此时幼兔抵抗力差，易发消化系统疾病且死亡率较高，可采用"离乳不离笼"的方法，即将母兔从笼中移去，离乳时可根据仔兔体质的强弱分批进行，体质强的先离乳，幼小体弱的可以多哺乳几天，对生长发育整齐的仔兔，可一次性地全部断奶，而仔兔仍在原笼中饲养，此法可明显降低幼兔死亡率。同时环境必须清洁、温暖、干燥。随年龄增长逐渐增加喂量。

（十四）青年兔的管理

此期好养，应做好卫生消毒工作，雌雄严格分开饲养，拟作种者应单笼饲养，适当控制能量供给，防止过肥。

（十五）繁殖兔的管理

兔性成熟的早晚取决于品种、性别、营养及各种环境因素。配种要等体成熟后进行，一般而言，新西兰中型兔的配种年龄为6~7月，体重为4.5 kg左右。兔的交配方法有自然交配法、人工辅助交配法和人工授精。一般采用人工辅助交配方法。

兔为刺激性排卵，母兔无发情期，一年四季均可交配、受孕。但性欲有周期性，大多以7 d为一个发情周期，发情期持续3~5 d。在此期间，外阴肿胀，外阴黏膜由粉红→老红→紫红变化。在老红时，配种较顺利，且受孕率高。配种之前将公兔笼内的饮水罐移出，配种时将已有发情行为的母兔放入公兔笼中，确认交尾算1次，交配后可轻拍母兔臀部，交配后10 min左右，可用另1只公兔复配1次，或10~12 h后再复配1次；对发情不好的母兔，确因生产计划需要也可采用强制配种法。具体做法是操作者一只手将母兔臀部托起到适当高度，另一只手把母兔尾巴拉向背部或固定母兔头颈部，让公兔主动配种，做好记录。如果3~5 d后，母兔拒绝交配，一般证明已受孕。

为提高繁殖效能，可在产后3 d内交配1次（血配），由于边哺乳、边妊娠，需注意母兔的营养。若无恒温设施，一般夏天采用清晨或早、晚交配，天气炎热时，停止交配，冬天应在中午为宜。血配不能太频繁，一般每年只能血配1次。

妊娠期平均为30 d，也有个别的妊娠期为28 d或35 d。交配10 d后可以摸胎。进入预产期发现母兔拔毛时，则要提前2 d换上干净的笼具，并准备好干净、消毒过的产箱，铺以棉花，准备接产。

产仔后要做好记录，检查哺乳情况及仔兔情况，防止仔兔吊乳出巢。一般带仔数不超过1只，留种的不超过6只，多余的仔兔可适当调剂，并要防止代乳母兔咬死非亲生仔兔，操作时可在仔兔身上涂抹代乳母兔的尿液和乳汁，同时注意把被调仔兔身上附着的巢箱内兔毛、粪便清除干净（或先将代乳母兔离巢，将被调仔兔放进代乳母兔巢内，经1~2 h，使其沾带新巢气味后再将代乳母兔送回笼内）。

1月左右离乳，发育差的仔兔再增乳一段时间，留待第2批或第3批离乳。离乳时应将母兔取走，将离乳仔兔留在原笼饲养。

种兔生育使用年限3~4年。

（十六）选种留种的管理

初选是根据系谱、外貌、生产率、繁殖率强弱和后裔检测的综合鉴定选择优良种兔的第2~5胎的后代，离乳后转入育种群。在一般情况下，为避免近亲交配所产生的退化现象，初选时使用同一公兔所配母兔的后代，选公不选母、选母不选公的办法；再选时，将选出育种的家兔，2个月复选1次，选择生长发育良好、身体健壮、外生殖器无缺陷的留作种用，将病兔或可疑病兔先严格淘汰；定选时，育种家兔交配投产之后，看其交配能力、受孕率、产仔数以及仔兔成活率，再进一步选择，将生产性能好的家兔留作种用。在家兔的选育过程中，一定要注意育种的数量不能少于种兔群的50%，这样才能够有充足的后备力量，能够及时补种换种，使家兔生产群保持旺盛的生产能力。

第六章 实验动物犬

一、犬在生物医学研究中的应用

（一）实验外科学

犬广泛应用于实验外科各方面的研究，如心血管外科、脑外科、断肢再植以及器官和组织移植等。临床外科医生在研究新的手术或麻醉方法时往往选用犬来进行动物实验，通过实验取得经验和技巧后用于临床。

（二）基础医学研究

犬是目前基础医学研究和教学中最常用动物之一，尤其在生理、药理和病理生理学等实验研究中起着重要作用。犬的神经、血液循环系统发达，适合做失血性休克、弥散性血管内凝血、脂质在动脉中的沉积、急性心肌梗死、心律失常、急性肺动脉高血压、肾性高血压、脊髓传导、大脑皮层定位、条件反射等实验研究。

（三）药理学、毒理学实验

磺胺类药物代谢研究，各种新药临床前的各种药理实验、代谢实验以及毒性实验等。

（四）非传染性疾病研究

如蛋白质营养不良、高胆固醇血症、动脉粥样硬化、糖原缺乏综合征、先天性白内障、遗传性耳聋、血友病、先天性心脏病、先天性淋巴水肿、家族性骨质疏松、视网膜发育不全、黑头粉刺病、淋巴肉瘤、红斑狼疮病、周期性嗜中性粒白细胞减少症、软骨发育不全、胱氨酸尿症、肾盂肾炎、青光眼等疾病的研究。

（五）传染病学研究

如利用犬制作病毒性肝炎、狂犬病等动物模型，细菌性疾病如链球菌性心内膜炎、牛型或人型菌株所致结核病，霍乱的动物模型，寄生虫病（如犬恶丝虫病、十二指肠钩虫病、日本血吸虫病、中华支睾吸虫病）等动物模型。

（六）肿瘤学研究

母犬乳房混合型肿瘤、皮肤的基底细胞和腺体肿瘤、黑色素瘤、骨肉瘤、白血病、扁桃体瘤、肠淋巴肉瘤、睾丸肿瘤、雌性纤维平滑肌瘤、甲状腺肿瘤等动物模型。

（七）行为学以及精神病研究

将狗隔离饲养的办法，建立隔离与抑郁症的模型。其他如神经官能症、狂躁抑郁型精神病等动物模型，条件反射动物模型。

（八）老年学研究

犬可作为老年和老化机制研究的实验动物。如骨骼老化、关节炎、造血系统老化、慢性肾炎和肿瘤。犬易发老年性痴呆的神经炎斑，犬也是老年性白内障、老年性耳聋的常用模型。

（九）慢性实验研究

由于犬可以通过短期训练很好地配合实验，所以非常适合于进行慢性实验。如条件反射实验、各种实验治疗效果实验、毒理学实验、内分泌腺摘除实验等。犬的消化系统发达，与人有相同的消化过程，所以特别适合于作消化系统的慢性实验。如可用无菌手术方法做成唾液腺瘘、食管瘘、肠瘘、胰液管瘘、胃瘘、胆囊瘘等来观察胃肠运动和消化吸收、分泌等变化。

（十）口腔医学研究

犬在口腔医学研究中应用很广泛，犬的牙周膜的组织学、牙周炎的组织病理学及牙周病的许多病因与人的相似，所以犬作为牙周病动物模型的研究极为理想。

在自体牙移植和放射治疗的研究问题上，犬是常用的动物。犬的下镫骨突出的方式相似于人下颌内突出，因此犬可作为颌面部畸形的动物模型。

二、实验犬的主要品系、种群

国际上用于医学研究的犬主要有下述几种。

（一）比格犬（Beagle）

又称小猎兔犬，原产英国，是猎犬中较小的一种，1880年引入美国，开始大量繁殖。Beagle犬自1950年开始被用作实验动物，现已广泛应用于人类疾病模型、药代学、药效学、毒理学、药理学、循环生理学、眼科、外科学、肿瘤学、免疫学、传染病学等诸多研究领域，被国际医学、生物学界公认为是较理想的实验用犬。它已成为目前生命科学研究工作中最标准的犬种。

我国自1980年开始陆续从美国、英国等地引种繁殖。Beagle犬体型小，成年体重7~10 kg，体长为30~40 cm，短毛，花斑色。温驯易捕，亲近人。遗传性能稳定，品种固定且优良，一般无遗传性神经疾病。在实验中反应一致性好，对环境适应力强，抗病力强，性成熟早，产仔多。农药的各种安全性试验，特别是制药工业中的各种实验，使用该犬最多。目前，世界上该犬的年用量约为十万头。

（二）四系杂交

犬由Gvayhowd、Samoyed、Besenji、Labrador四品系动物杂交而成，是一种专门适用于外科手术的犬，具有体型大、心脏大、耐劳、不爱吠叫等优点。

（三）纽芬兰犬

专用于实验外科。性情温驯、体型大。

（四）墨西哥无毛犬

用于研究黑头粉刺病。

（五）Boxer犬

可用于淋巴肉瘤、红斑狼疮病的研究。

（六）黑白花斑点短毛犬

可进行特殊的嘌呤代谢研究及中性粒白细胞减少症、青光眼、白血病、肾盂肾炎、Ehers-Danols等病的研究用。

我国繁殖饲养犬品种繁多，主要有华北犬，耳朵小，后肢较小，颈部较长。西北犬，形态上正好和华北犬相反。两种犬各部体表面积的百分比有一定差异，都适合做烧伤，放射损伤等研究。最著名的为藏獒、中国松狮犬、中国沙皮犬、北京狮子犬四大名犬，经过人工定向选育出来的品种，如狼犬、哈巴犬、藏袖犬、猎犬、四川松潘犬及一般农家饲养的土种犬现多作为实验用犬。

三、犬的生物学特性

犬（Canis familiaris）属于哺乳纲、食肉目（Carnivora）、犬科（Canidae），犬属（Canis）的动物。作为家畜，犬的历史最长。近年来已培育出专用于实验的几个品种。

（一）一般特性

（1）喜近人，易于驯养，有服从人的意志的天性，并能领会人的简单意图，经短期训练能很好地配合实验。

（2）犬有神经类型，神经类型不同导致性格不同，用途也不一样。一般将犬分成4种神经类型，即：强、均衡的灵活型（活泼型），强、均衡的迟钝型（安静型），强、不均衡型（不可抑制型）和弱型（衰弱型）。这对一些慢性实验，特别是高级神经活动实验的动物选择很重要。

（3）犬习惯不停地运动，故要求饲养场有一定的活动范围。还习惯于啃咬肉、骨头，喜吃肉类及脂肪，但由于长期家畜化，也可杂食或素食，为使犬正常繁殖生长及达到正常生理、生化指标，饲料中需要有一定的动物蛋白质与脂肪。

（4）成年雄犬爱打架，并有合群欺弱的特点，在犬群中可产生主从关系，这种主从关系使它们能比较和平地成群生活，减少对食物、生存空间等竞争所引起的打斗。

（5）犬归家性很强，能从很远处自行归家。冬天喜晒太阳，夏天爱洗澡。对环境适应能力强。犬虽然早已家畜化，但若不规范地饲养，对其粗暴，也可使之恢复野性。

（6）正常的犬鼻尖呈油状滋润，人以手背触之有凉感，它能灵敏地反映动物全身的健康情况，如发现鼻尖无滋润状，以手背触之不凉或有热感，则犬即将得病或已经得病。

（二）解剖学特点

1. 齿

犬出生后约20 d开始生乳齿、两个月以后逐渐由门齿、犬齿、臼齿换为恒齿，8~10个月恒齿换齐。乳齿齿式为28（门齿3/3，犬齿1/1，前臼齿3/3，臼齿0/0）。成年犬齿式为42（门3/3，犬1/1，前臼4/4，臼齿2/3）。齿呈食肉动物的特点，善于咬、撕，臼齿能切断食物，但咀嚼较粗。

犬的牙齿具备食肉目动物特点，犬齿大而锐利，能切断食物。出生后十几天开始生乳齿，2个月开始换齿，8~10个月换齐，但犬要到1岁半后犬齿才能长坚实，撕咬力强、皮肤汗腺极不发达，趾垫有少许汗腺。

2. 骨骼

犬无锁骨，肩胛骨由骨骼肌连接躯体，阴茎骨存在是其特征之一。犬头骨成圆锥形，7个颈椎，13个胸椎，9对真肋及4对假肋，1根胸骨7个腰椎，骶骨由三枚骶椎融合而成。尾椎骨数量变化较大，一般8~22个。后肢由股关节连接骨盆。

3. 视觉

眼水晶体较大，但视力很差，视网膜上没有黄斑，即无清楚的视觉点，每只眼有单独视力，视角不足25°，没有立体感，远处的东西看得较清楚。正面景物看不清，对移动物体感觉灵敏，视野仅20~30 m。犬为红绿色盲，故不能以红绿色作为条件刺激来进行条件反射实验。

4. 嗅觉和听觉

犬的嗅脑、嗅觉器官和嗅神经极为发达。鼻较长，鼻黏膜上布满嗅神经，能够嗅出稀释千万分之一的有机酸，特别是对动物脂肪酸更为敏感，狗的嗅觉能力是人的1 000倍左右。有的雄犬能嗅出1 500 m之外的雌犬的气味。犬能靠熟悉的气味识途。犬的听觉极为灵敏，是人的16倍，能辨别声音频率的范围很广，可听到5~55 000 Hz范围的声音，犬不仅可分辨极细小的声音，还能分辨声音的密度及特征。

5. 消化系统

犬的食道全部由横纹肌构成。胃较小，易施行胃导管手术。肠道短，为体长的3~5倍，肠壁厚薄与人相似。肝脏较大，胰腺小且分左右2叶，于十二指肠降部各有一胰腺管开口处，因狗胰腺是分离的，易摘除。脾脏是最大的储血器官。唾液中缺少淀粉酶。

6. 循环系统

具有发达的血液循环，胸廓大，心脏较大，占体重的0.72%~0.96%。内脏与人相似，比例也近似。

7. 泌尿系统

犬肾比较大，相当于体重的1/200~1/150。中等体型的犬，一侧肾重50 g左右。两肾位置高低不一，左肾位置比右肾低。

8. 汗腺

犬的皮肤汗腺极不发达，趾垫有少许汗腺。散热主要靠增速呼吸频率，舌头伸出口外作喘式呼吸，加速散热，故舌头在体温调节中起重要作用。

9. 生殖系统与繁殖

雄犬无精囊腺和尿道球腺，附睾很大，前列腺极发达，有特殊的阴茎骨。雌犬为双角子宫，乳头4~5对。犬的寿命一般在10~20年。

（三）生理学特点

（1）性成熟280~400 d。雌犬有双角子宫，每年春秋两季发情。发情后1~2 d排卵，但卵第一极体在排卵时未曾排出，这与其他动物不同，卵在此时尚未成熟，所以要数日后极体脱去，才能授精，这也是选择发情后2~4 d交配的原因。性周期180（126~240）d，妊娠期60（58~63）d，哺乳期60 d。每胎产仔2~14只。适配年龄，雄犬1.5~2.0岁，雌犬1.0~1.5岁。寿命10~20年。

犬交配时间较长，可持续10~50 min。雄犬交配过程中，阴茎根部球状海绵体迅速膨胀，机械阻滞于雌犬耻骨前缘，射精完毕，海绵体缩小后，阴茎才能退出。

（2）犬的听觉也很灵敏，比人灵敏16倍，可听到55 000（Hz）的声音，因此鼠类的吱吱声，人兽的脚步声及其他人所听不到的声音犬都可能听到。

（3）一般说犬的视觉不如人，犬视网膜上没有黄斑，即没有最清楚的视觉点，视力仅20~30 m。每只眼睛有单独视野，产生双眼效应，能够准确测定前面物体的远近。犬不能看到正面近距离的物体，这是由于水晶体较大所致。对移动着的物体感觉却较灵敏。犬是红绿色盲，故不能以红绿色作为条件刺激来进行条件反射实验。

（4）犬有5种血型，即A、B、C、D、E型。只有A型血（具有A抗原）能引起输血反应，其他4型血可任意供各型血的犬受血，包括A型血犬在内，无输血反应（指溶血问题）。

（5）染色体$2n=78$条。唾液中缺少淀粉酶。从牙齿更换和磨损情况可大体估计年龄。

四、犬饲养管理要点

（一）饲养环境

犬吠声大，需单独养在一个独立区域，为了排除犬吠声对周围环境的干扰，在不影响实验的情况下可采用破坏声带手术来减低犬吠声。室内饲养应注意隔音设备。饲养方式可采用散养和笼养。笼长和宽各80 cm，笼高100 cm，笼底为可拆卸的不锈钢网，网格为2.5 cm×2.5 cm，也可双层用塑料板隔开。此犬笼可饲养中型实验犬1只或仔犬2~3只。

（二）饲喂与营养

犬是肉食性动物，但是长期与人类共同生活中，逐渐习惯于杂食。目前广泛使用犬用全价营养膨化颗粒饲料饲育繁殖犬、断奶仔犬及实验用犬，按犬体重的4%供给饲料，可保证犬的生长发育的需要。如需要自行配制进行短期饲养，犬饲料中应保证以下主要成分：粗蛋白质25%以上，粗脂肪6%以上，无氮浸出物50%，粗纤维4%以下，灰分8%以下。还应加适当的微量元素、维生素和矿物质。饲喂要做到定时、定量、定温、定质、定地点。成年犬一般每日喂食2次，生产母犬、幼犬可每日3次。保证供给充足的饮水，自由饮用。

（三）清洁卫生

保持环境卫生清洁，注意冬天保暖夏天防暑。每天清洗饲犬食具，犬笼和犬舍场地，定期给犬洗澡，清除犬体浮毛，保持犬体卫生。工作人员注意观察犬的精神状态，进食情况，口、眼、鼻、皮肤及外阴部有无异常以及行为习性等情况，以保证犬的健康。要经常性地检虫和驱虫。

（四）隔离检疫

新购入犬需要有检疫和注射狂犬疫苗证明，隔离饲养21~26 d，在此期间做临床观察和血液生化检查、驱虫等工作，对没有注射狂犬疫苗的要进行补注射。

（五）管理

应注意编耳号，建立档案卡，保健卡，计划繁殖，专人专职护理等。

第七章 实验动物猫

一、猫在生物医学研究中的应用

（一）生理学研究

猫具有极敏感的神经系统，头盖骨和脑的形状固定，是脑神经生理学研究的绝好实验动物。在电极探针插入大脑各部位的生理学研究方面已经标准化。可在清醒条件下研究神经递质等活性物质的释放和条件反射及周围神经和中枢神经的联系，做大脑僵直、交感神经的瞬膜及虹膜反应实验等。

（二）药理学研究

用脑室灌流研究药物的作用部位，药物如何通过血脑屏障。观察用药后呼吸、心血管系统的功能效应和药物代谢过程对血压的影响。猫血压稳定、血管壁坚韧、心搏力强、便于手术操作；能描绘完好的血压曲线，适合进行药物对循环系统作用机制的分析。还可通过瞬膜反射分析药物对交感神经和节后神经节的影响，易于制备脊髓瘤，排除中枢对血压的影响。

（三）疾病研究

诊断炭疽病，进行阿米巴痢疾、白血病、血液恶病质的研究。

（四）疾病动物模型

用猫可制备很多疾病的动物模型，如弓形体病、Kinefelters综合征、先天性吡咯紫质沉着症、白化病、耳聋症、脊柱裂、病毒引起的营养不良、急性幼儿死亡综合征、先天性心脏病、草酸尿、卟啉病等。

二、猫常用品种

世界上现有猫品种35种之多，主要有长毛种和短毛种两类。每个品种都具有特定的遗传特征。猫因不易成群饲养，繁殖较为困难。猫发情期有心理变态，饲养中涉及动物心理学问题，给繁殖带来困难。目前我国实验中使用的猫绝大部分为收购来的家养杂种猫。国内少数单位已开始饲养、繁殖猫用作实验动物。如华北制药厂实验动物场李锦铭等人，经过多年选育，已培育出虎皮猫，用于药品检验。实验用猫应选用短毛猫，因长毛猫易污染实验环境，且体质较弱、实验耐受性差，不宜选用。

三、猫生物学特性

猫（Felidae catus）属于哺乳纲、食肉目（Canivora）、猫科（Felidae）、猫属（Felis）的动物。猫和人类在一起已生活了很长时间，其祖先及演化史尚难下定论。自19世纪末开始应用于实验，但直到今天大多数实验用猫仍来自市场。为提高实验用猫的质量，近年来，不少国家开始以供实验使用为目的，进行专门的繁殖饲养。有的国家已进行纯化和培育出了无菌猫、SPF猫。我国也有一些单位进行了专门饲养，开展了品种固定工作。

（一）一般特性

1. 生性孤独

猫是天生神经质和行动谨慎的动物，一般喜爱孤独而自由的生活，除发情和交尾外，很少三五成群在一起栖息。猫的典型行为特点聪明，性格孤僻，自私而且易嫉妒。牙齿和爪十分尖锐，善于捕捉、攀登，经调教对人有亲切感，比较温顺。猫对周围环境的变化特别敏感，有对良好食物和适宜生活环境的追求。对于陌生人或环境十分多疑，因而在环境改变的情况下，应使猫适应后，再进行实验。

2. 喜欢明亮、干燥的环境

白天不愿躲在阴暗的角落，喜欢爬高、远眺或卧在有阳光的阳台或窗台上，很少在地上活动。猫爱清洁，讲卫生，固定地点大、小便，便后立即掩埋。对笼养猫，在饲养室或笼的一角放有垫料的便盆可收集猫的全部大、小便。猫对饮食卫生也十分讲究，猫的食盆、水盆必须十分干净，否则它有可能不吃不喝以示抗议。猫总是在吃食后或玩耍后，以及运动后或睡醒后开始梳理被毛。每年春夏和秋冬交替的季节要各换1次毛。

3. 肉食性

喜食鱼、肉，能用舌舔附在骨头上面的肉。猫的消化系统有明显的肉食性动物的特性。牙齿尖锐能将猎物皮肉撕裂，消化腺发达，能充分将采食的骨肉进行消化。猫的关节灵活、肌肉强韧、跳跃能力强、爪子锋利，足有肉垫，听觉、视觉敏锐，善于捕捉鼠、鸟、鱼类食物，所以在猫的饲料中应有较大比例的动物性饲料。

4. 怕水

猫很怕水，身上不让有一点水，它绝不会自动到水里游泳，但大多数猫爱洗澡。猫最喜欢人用手轻挠它的下颌，不论怎样生疏或不驯良的猫，轻挠它的下颌，它就会俯首驯服。但是，猫很害怕挠它的尾根，如果挠尾根，会立即逃走，或者用爪子反扑。

5. 睡眠

猫一天中有半天处于睡觉状态，猫在一天中有14~15 h在睡眠中度过，还有的猫要睡20 h以上。但是，猫不像人那样集中时间睡觉，而是分成数次睡，所以，猫在夜里任何时候都可以起来。研究表明，猫的睡眠中有3/4是假睡，即打盹儿。所以，看上去一天十几个小时猫都在睡觉，其实熟睡的时间只有4 h。

6. 善于爬高，不善于下落

虽然猫运动神经发达，善于爬高，但却不善于从顶点下落。能上，不能下。经常是一边心惊地往后仰，一边哆嗦地往下爬，如果到地面的距离短，就往下跳，如果高，它会发抖，就像所谓的恐高症。

7. 感觉

猫的嘴的两侧、眼、脸颊、下巴等四处长着胡子，胡子根部布满神经，轻微的动静都能察觉，而且连气流、风向都知道。猫几乎不会猛地撞上什么东西或者东张西望时会踩空，猫的胡子是把尺子。

8. 猫的眼睛

与其他动物不同，它能按照光线的强弱程度灵敏地调节瞳孔，白天光线强时，瞳孔收缩直到垂直成线状，晚上光线弱时，瞳孔散大，视力仍然很强，便于在黑暗中捕食鼠类。

（二）解剖学特点

1. 体征

成年猫体长一般为40~50 cm（不计尾长），雄性体重3~4 kg，雌性体重2~3 kg。出生时90~120 g，1月龄350~450 g，2月龄750~850 g，3月龄1 100~1 300 g，6月龄2 300~2 800 g。雌猫在3月龄以内生长发育较雄猫略慢，3月龄后，差距逐渐加大。

2. 骨骼

包括头骨、躯干骨、四肢骨。猫有残存锁骨的痕迹，躯干骨包括脊椎骨（颈椎7枚、胸椎13枚、腰椎7枚、荐椎3枚、尾椎21枚）、肋骨13对（真肋9对、假肋3对、浮肋1对）以及胸骨。四肢骨包括前肢骨和后肢骨。前肢5趾，后肢四趾，爪发达而尖锐，呈三角钩形，能伸出和缩进。猫在休息和行走时爪缩进去，捕鼠时伸出来，以免在行走时发出声响，爪被磨钝。猫的趾底有脂肪质肉垫，因而行走无声，捕鼠时不会惊跑鼠。趾垫间有少量汗腺。

3. 牙齿

成年猫的齿式为2（I3/3，C1/1，P3/2，M1/1）=30，有12个门齿，4个犬齿和一些锐利的白齿。通常上颌的后假白齿和下颌的第一真白齿特别粗大。犬齿特别发达，尖锐如锥，适于咬死捕到的鼠类，白齿的咀嚼面有尖锐的突起，适于把肉嚼碎。门齿不发达。

4. 消化和呼吸系统

猫的消化系统有明显的解剖学特点，猫舌的形态结构是猫科动物所特有的，表面布满无数突起的丝状乳头，被有较厚的角质层，呈倒钩状，便于舔食附在骨上的肉。猫为单室胃，肠管长度只有体型大小近似的草食动物兔的1/3，有短、宽、厚的特点，具有明显的食肉动物的特征。胸腔较小，腹腔很大。盲肠细小，只能见到盲端有一个微小突起，肠壁较厚。猫的大网膜非常发达，重约35 g，不但起固定保护胃、肠、脾、胰脏的作用，而且还能保温，所以猫很耐寒。肝分5叶，即右中叶、右侧叶、左中叶、左侧叶和尾叶。肺分7叶，左肺3叶右肺4叶。

5. 循环系统

发达，血压稳定，血管壁较坚韧。红细胞大小不均匀，细胞边缘有一环状灰白结构，称为红细胞折射体（RE），正常情况下，10%的红细胞中有RE体。血型有A、B、AB型。

6. 泌尿生殖系统

雌猫乳腺位于腹部，有4对乳头，具双角子宫。雄猫的阴茎只是勃起时向前，而排尿时，尿向后方排出。

7. 猫的大脑和小脑发达

其头盖骨和脑的形态特征固定，对去脑实验和其他外科手术耐受力较强。此外，猫的平衡感觉、反射功能发达，瞬膜反应敏锐。

8. 猫的听觉

敏锐，外耳郭可向前、侧、后做约180°的转动，以捕捉最微弱的声音。它的听力是人类的2倍以上，能区别距离15~21 m的相似声音。

（三）生理学特点

1. 对呕吐反应敏感

受到机械和化学刺激后易诱发咳嗽。平衡感好，瞬膜反应敏感。血压稳定，血管壁较坚韧。红细胞大小不均，边缘有一环形灰白结构，称红细胞折射体，正常情况下，占红细胞总数的10%。不能在体内将β-胡萝卜素转化为维生素A，需食物供给。

2. 猫对吗啡的反应和其他动物相反

犬、兔、大鼠、猴等主要表现为中枢抑制，而猫却表现为神经系统中枢兴奋。猫对所有酚类都敏感，如对杀螨虫剂酚玎海非常敏感。

3. 典型的刺激性排卵

即只有经过交配刺激，才能排卵。性成熟6~10月龄，适配年龄雄性1岁，雌性10~12月龄。猫为季节性多发情动物，全年均可发情，但春秋两季为发情盛期。属典型的刺激性排卵动物，经交配刺激后25~27 h才能排卵。发情时，雌猫发出粗大叫声，骚动不安，手压猫背，有踏足举尾动作。可以用阴道涂片法判断性周期的不同阶段。一个性周期为14 d。发情期阴道涂片出现角质化细胞，持续3~7 d，此期适宜交配。求偶期2~3 d。交配时发出特有叫声，交配后可见到雌猫在地上打滚的行为，交配后24 h排卵。怀孕期60~68 d（平均63 d），分娩一般需2~3 h。产仔数常为3~5只。哺乳期60 d。适配年龄雄性1岁，雌性10~12月龄。雄性育龄6年，雌性8年。寿命一般为8~14年。

四、猫的饲养管理

（一）饲养环境

最适温度为18~21℃，相对湿度为50%，猫爱清洁、明亮的环境。饲养室内应保持干燥、清洁，地面及用具应定期洗刷消毒。室内消毒时要将猫移到室外，避免药物对猫的刺激和影响。因猫对所有酚类都敏感,所以避免使用酚类消毒剂。

(二)成年猫具野性

初养的猫安排1个固定的猫窝,猫窝用饲养笼,在猫窝旁边放置一浅皿,底面铺上吸湿性较强的沙土等,猫会自动在此大小便。雌、雄猫应分开饲养,笼养单只猫应用0.4 m²的面积。

(三)孕产期管理

母猫怀孕约30 d后,腹部就逐渐膨大,下垂,而且能摸到腹部的小猫,为防流产,要把猫放在光线较暗且安静的地方。孕期猫在饲喂中以米粥为主,适量加一些小鱼或肉汤,每天饲喂2次,食量360 g左右。使其产仔后,母猫奶水足,仔猫身体壮,成活率高。在分娩前10 d,要准备单独的饲养室和笼子,产箱内应放干净的铺垫物,产箱光线应暗些,环境保持安静、暖和。母猫下崽后,可让母猫喝些饮料,哺乳母猫每天饲喂3~4次,食量450 g左右。

(四)仔猫的饲养

初生小猫全身被毛、闭眼。哺乳初期和中期,母猫除饮食与排泄外,一般不离开产箱,一旦受到外界干扰,即口衔仔猫外逃。小猫10 d睁眼,20 d会爬行,30 d能走动和觅食,40 d可断奶吃东西。在饲喂仔猫时,应定量定时,以每天4次为宜。猫食以粥拌入适量鱼骨粉或瘦肉为主。食物不能太冷或者太烫,以38℃为宜。

猫是肉食动物。喜腥食,有偏食习性,猫的饲料配方中动物性饲料应占30%~40%,以保证猫的营养需要。断奶的小猫可吃些含蛋白质丰富的鱼、虾、肉、蛋等饲料。猫不能利用β-胡萝卜素作为维生素A的来源,可经常喂猪肝以补充维生素A。小猫在3月龄左右换牙,这是猫的生死关,应饲喂易消化、蛋白质含量高的食物。

实验用猫除外观健康外,应做到来源清楚,具有一定的背景资料,应先经1个月的检疫期,适应环境后再投入实验。

第八章 动物实验基本操作技术

第一节 实验动物的给药途径和方法及药量计算方法

一、经口给药法

(一) 灌胃法

此法给药剂量准确,是借灌胃器将药物直接灌到动物胃内的一种常用给药法。

1. 鼠类

鼠类的灌胃器由特殊的灌胃针构成。左手固定鼠,右手持灌胃器,将灌胃针从鼠的右口角中,插入口中,沿咽喉壁慢慢插入食管,使其前端到达膈肌位置,灌胃针插入时应无阻力,如有阻力或动物挣扎则应退针或将针拔出,以免损伤、穿破食管或误入气管。

2. 兔、犬等

灌胃一般要借助于开口器、灌胃管进行。先将动物固定,再将开口器固定于上下门齿之间。然后将灌胃管(常用导尿管代替)从开口器的小孔插入动物口中,沿咽喉壁面进入食管。插入后应检查灌胃管是否确实插入食管。可将灌胃管外开口放入盛水的烧杯中,若无气泡产生,表明灌胃管被正确插入胃中,未误入气管。此时将注射器与灌胃管相连,注入药液。

(二) 口服法

口服给药是把药物混入饲料或溶于饮水中让动物自由摄取。此法优点是简单方便,缺点是剂量不能保证准确,且动物个体间服药量差异较大。大动物在给予片剂、丸剂、胶囊剂时,可将药物用镊子或手指送到舌根部,迅速关闭口腔,将头部稍稍抬高,使其自然吞咽。

二、注射给药法

(一) 皮下注射

皮下注射一般选取皮下组织疏松的部位,大鼠、小鼠和豚鼠可在颈后肩胛间、腹部两侧进行皮下注射;家兔可在背部或耳根部进行皮下注射;猫、犬则在大腿外侧进行皮下注射。皮下注射用左手拇指和食指轻轻提起动物皮肤,右手持注射器,使针头水平刺入皮下。推送药液时注射部位隆起。拔针时,以手指捏住针刺部位,可防止药液外漏。

（二）肌肉注射

肌肉注射一般选肌肉发达、无大血管通过的部位。大鼠、小鼠、豚鼠可注射大腿外侧肌肉；家兔可在腰椎旁的肌肉、臀部或股部肌肉注射；犬等大型动物选臀部注射。注射时针头宜斜刺迅速入肌肉，回抽针栓如无回血，即可注射。

（三）腹腔注射

给大鼠、小鼠进行腹腔注射时，以左手固定动物，使腹部向上，为避免伤及内脏，应尽量使动物头处于低位，使内脏移向上腹，右手持注射器从下腹两侧向头方刺入皮下，针头稍向前，再将注射器沿45°斜向穿过腹肌进入腹腔，此时有落空感，回抽无回血或尿液，即可注入药液。兔、犬等动物腹腔注射时，可由助手固定动物，使其腹部朝上，实验者即可进行操作。注射位置为：家兔下腹部近腹白线左右两侧1 cm处，犬脐后腹白线两侧边1~2 cm处进行腹腔注射。

（四）静脉注射

1. 大鼠和小鼠

常采用尾静脉注射。注射时，先将动物固定在暴露尾部的固定器内，尾部用45~50℃的温水浸润几分钟或用75%酒精棉球反复擦拭使血管扩张，并使表皮角质软化。以左手拇指和食指捏住鼠尾两侧，用中指从下面托起鼠，右手持注射器，使针头尽量采取与尾部平行的角度进针，从尾末端处刺入，注入药液，如无阻力，表示针头已进入静脉，注射后把尾部向注射侧弯曲，或拔针后随即以干棉球按住注射部位以止血。

2. 豚鼠

可采用前肢皮下头静脉、后肢小隐静脉注射或耳缘静脉注射。

3. 家兔

一般采用耳缘静脉注射。注射时先将家兔用固定盒固定，拔去或剪去注射部位的毛，用酒精棉球涂擦耳缘静脉，并用手指弹动或轻轻揉擦兔耳，使静脉充血，然后用左手食指和中指压住耳根端，拇指和小指夹住耳边缘部，以无名指放在耳下作垫，右手持注射器从静脉末端刺入血管，注入药液。注射后，用纱布或脱脂棉压迫止血。

三、给药剂量

不同种类的实验动物一次给药能耐受的最大剂量不同，灌胃太多时易导致胃扩张，静脉给药剂量过多时易导致心力衰竭和肺水肿。不同种类实验动物一次给药最大耐受量见表8-1。

在观察某种药物对动物的作用时，给药剂量的准确与否是个很重要的问题。剂量太小，作用不明显，剂量太大，又可能导致动物中毒死亡。

表8-1　不同种类实验动物一次给药能耐受的最大剂量　　　　　　　　　　（mL）

动物类别	灌胃	皮下注射	肌肉注射	腹腔注射	静脉注射
小鼠	0.9	1.5	0.2	1	0.8
大鼠	5.0	5.0	0.5	2	4.0
兔	200	10	2.0	5	10
猫	150	10	2.0	5	10
犬	500	100	4.0	—	100

推荐使用上述方法确定剂量：

（1）先用少量小鼠粗略地摸索中毒剂量或致死剂量，然后用中毒剂量或致死剂量的若干分之作为应用剂量，一般可取1/10~1/5。

（2）确定剂量后，如第一次实验的作用不明显，动物也没有中毒的表现（体重下降、精神不振、活动减少或其他症状），可以加大剂量再次实验。如出现中毒现象，作用也明显，则应减少剂量再次实验。在一般情况下，在适宜剂量范围内，对药物的作用常随剂量的加大而增强。所以有条件时，最好同时用几个剂量做实验，以便迅速获得关于药物作用的较完整的资料。如实验结果出现剂量与作用强度毫无规律时，则更应慎重分析。

（3）利用动物进行实验时，开始的剂量可采用给鼠类剂量的1/15~1/2，以后可根据动物的反应调整剂量。

（4）确定动物的给药剂量时，要考虑给药动物的年龄大小和体质强弱。一般说，确定的给药剂量是指成年动物的，对幼小动物，剂量应减小。服量为100 mL，灌胃量应为100~200 mL，皮下注射量为30~50 mL，肌肉注射量为25~30 mL，静脉注射量为25 mL。

四、实验动物给药量的计算方法

动物实验所用的药物剂量一般按mg/kg体重或g/kg体重计算，应用时须把已知药液的浓度换算成相当于每千克体重应注射的药液量（毫升数），以便给药。

五、人与动物的给药量换算方法

人与动物对同药物的耐受性相差很大。一般说来，动物的耐受性比人大，也就是单位体重动物的用药量比人要大，近几年来新药药效研究中多以下列公式计算：

$$D_2 = D_1 \times K_2/K_1 \times W_1/W_2$$

公式中：D为药物剂量，K为常数，W为动物体重（kg）（1指人；2指动物）。人及不同种类动物的K值不同，人10.6、猴11.2、兔10.1、大鼠9.1、小鼠9.1、豚鼠9.8、猫9.8。如一例体重为70 kg的人，某药剂量为20 μg/（kg·d），一只5 kg重的猴为53.6 μg/（kg·d），一只10 kg重的犬为40.4 μg/（kg·d），而一只20 g重的小鼠为260.6 μg/（kg·d）。人用剂量与不同种类动物间剂量的关系。如表8-2所示。

表8-2 人用剂量与不同种类动物间剂量的关系

种类	人				猴			犬			小鼠
体重（kg）	50	60	70	80	4	5	6	10	12	15	0.02
计量[μg/(kg·d)]	11.2	10.5	10	9.6	28.9	26.8	25.2	20.2	79.0	77.7	730.3
	22.4	21.0	20	19.2	57.8	53.6	50.4	40.4	38.0	35.4	260.6
	33.6	31.5	30	28.8	86.7	80.4	75.6	60.6	57.0	53.1	390.9
	44.8	42.0	40	38.4	115.6	107.2	100.8	80.8	76.0	70.8	527.2
	56.0	52.5	50	48.0	144.5	734.0	126.0	107.0	95.0	88.5	651.5
	112.0	105.0	100	96.0	289.0	268.0	252.0	202.0	790.0	777.0	1 303

注：*表示人与动物的不同体重，以kg表示，第三行以下数据单位为μg/（kg·d）。

第二节 实验动物常见采血和采液方法

一、实验动物的采血方法

（一）采血部位的选择

一般根据动物种类和采血量来选择采血部位。

采血量少时，大鼠、小鼠可由尾静脉或眶静脉丛采血；家兔可由耳缘静脉或眶静脉丛采血；犬可由耳缘静脉或舌下静脉采血；猫、猪、羊可由耳缘静脉采血；鸡可由冠、脚蹼皮下静脉采血。

采中量血时，犬可由后肢外侧皮下静脉、前肢内侧皮下静脉或颈静脉采血；兔可由耳中央动脉、颈静脉采血；大鼠和小鼠可由心脏或断颈采血；鸡可由翼下静脉、颈动脉采血。

大量采血时，犬、猫、兔可由股动脉、颈动脉或心脏采血；牛、羊可由颈静脉采血；人鼠、小鼠可摘眼球取血。

（二）血液的采集方法

1. 大鼠、小鼠、地鼠、沙鼠采血法

（1）眶静脉丛（窦）采血。当需要多次重复采血时，常使用本法。小鼠为眶静脉窦，大鼠、地鼠、沙鼠等为眶静脉丛。首先用乙醚将动物麻醉，采用侧眼向上固定体位。然后，左手拇指和食指两指从背部较紧地握住大鼠和小鼠的颈部，拇指和食指的力度应控制适中，防止动物窒息。取血时，左手拇指及食指轻压动物颈部两侧，使头部静脉血回流受阻，眼球突出，眶静脉丛（窦）充血。右手持毛细玻璃管，将采血管与鼠成45°，在泪腺区域内，用采血管由眼内角在眼睑和眼球之间向喉咙方向刺入。刺入深度：小鼠2~3 mm，大鼠4~5 mm。当达到蝶骨有阻力时，后退0.1~0.5 mm，转动毛细管，血液自动流入毛细管中，滴入采血管中。待采够所需血量时，拔出毛细管。

防止术后穿刺孔出血，用消毒的纱布压迫眼球30 s。体重20~30 g的小鼠每次可采血0.2~0.3 mL，体重200~300 g的大鼠每次可采血0.4~0.6 mL，左右眼可交替反复采血，间隔3~5 d采血部位可修复。

（2）眶动脉和眶静脉采血。常用摘眼球法从眶动脉和眶静脉采血，本法多用于小鼠，常用于血量需求较大时。该法可避免断颈取血时因组织液或杂质混入而导致的溶血现象。具体方法如下：左手抓住动物颈部皮肤，并将动物侧卧于试验台上，左手拇指后退将眼周皮肤后拉，突出眼球，用弯头镊子迅速将眼球摘除，立即将鼠倒置，收集血液，直至流完。此法由于取血时动物心脏还在跳动故取血量多于断颈取血法，该方法采血后可导致动物死亡，只能采血一次。考虑到动物福利因素，该采血法应尽量避免使用。

（3）尾静脉采血。需少量血时，常采用尾静脉采血，该方法主要用于大、小鼠。尾部采血有两种方法。一是剪尾或切开尾静脉：剪尾时首先把动物固定或麻醉，露出尾巴，将尾巴置于45~50℃热水中浸泡，也可用酒精反复擦拭，使尾部血管扩张，剪去尾尖（小鼠1~2 mm，大鼠5~10 mm）。血自尾尖流出后滴入容器内。自尾根部向尾尖按摩，血液会自动流出，切开尾静脉法可用刀片自尾尖向尾根方向切开尾静脉，用试管接住血液，此方法可两根尾静脉交替切割采血，每次可取血0.2~3 mL。尾静脉采血可反复多次采血。如需多次采取尾静脉血时，每次采血后先用棉球压迫止血并立即用6%液体火棉胶涂于鼠尾保护伤口。二是针刺尾静脉：固定动物，消毒，擦干。操作时，在尾尖部向上数厘米处用拇指和食指抓住，对准尾静脉用注射器针刺后立即拔出。采血后用局部压迫、烧烙等方法进行止血。

（4）阴茎静脉采血。阴茎静脉采血在大鼠等动物中常用。具体方法可参考阴茎静脉注射。将雄性大鼠麻醉后仰卧或侧卧，翻开包皮，拉出阴茎，背侧阴茎静脉非常粗大、明显，沿皮下直接刺入采集血液。

（5）心脏采血。小动物因心脏搏动快，心腔小，位置较难确定，故较少采用心脏采血。操作时，将动物仰卧固定在鼠板上，剪去胸前区局部的被毛，用碘酒、酒精消毒皮肤；在左侧第3~4肋间，用左手食指摸到心搏处，右手持带有4#~5#针头的注射器，选择心搏最强处穿刺。当针穿刺入心脏时，血液由于心脏搏动的力量自动注入注射器。心脏采血注意要点：迅速而直接插入心脏，否则，心脏将从针尖移开；如第一次没刺准，将针头抽出重刺，不要在心脏周围乱探，以免损伤心、肺；缓慢而稳定地抽吸，否则过大的真空会使心脏塌陷。

若不需保留动物存活时，也可麻醉后切开动物胸部，将注射器直接刺入心脏抽吸血液。操作时，先用乙醚等麻醉剂深度麻醉动物后将其固定在鼠板上，剖开胸腔，然后将注射器针头刺入右心室后立即抽血。开胸时，要尽可能减少出血。

（6）大血管采血：大、小鼠可从颈部（静）动脉、股动（静）脉或腋下动（静）脉等大血管采血。在这些部位采血需麻醉后固定动物，然后进行动（静）脉分离手术，使其暴露清楚后，用注射器沿大血管平行方向刺入，抽取所需血量。或直接用剪刀剪断大血管吸取，但切断动脉时，要防止血液喷溅。

①大、小鼠的颈静脉或颈动脉采血。可将大、小鼠麻醉，固定背部，剪去颈部外侧毛。分离颈静脉或颈动脉，并使其暴露清楚，用注射针抽取即可；也可用镊子将颈静脉或颈动脉挑起来，用剪刀切断，直接用注射器或试管吸取流出的血液。

②大、小鼠的股静脉或股动脉采血。将大、小鼠麻醉，固定背部，切开侧腹股沟的皮肤，做股静脉和股动脉暴露分离术，用注射针取血，如需连续重复抽取，取血部位要尽量从远心端开始。

③大、小鼠的后肢隐静脉采血。将小鼠后肢外侧被毛剃去，用针尖刺破隐静脉，再用移液器吸取流出的血液。

（7）小鼠、大鼠、沙鼠还可以从腹主动脉采血。操作时，先用乙醚或其他麻醉剂对动物进行深麻醉，然后将动物仰卧固定在橡胶板上，打开腹腔。开腹时，要尽可能减少出血。打开腹腔后，将肠管向左或向右推向一侧，然后用手指轻轻分开脊柱前的脂肪，暴露出腹主动脉。在腹主动脉远心端打一结，再用阻断器（或拉线）阻断股动脉近心端，然后在其间平行刺入，并松开近心端的阻断，立即采血。也可在远心端不打结，只在近心端阻断，然后在髂总动脉分叉处向血管平行刺入，刺入后松开近心端阻断，立即抽血。抽血时，要注意保持动物安静。若动物躁动，要停止抽血，追加麻醉。

2. 家兔采血法

（1）耳中央动脉采血。兔耳中央有一条较粗、颜色较鲜红的中央动脉。采血时，用左手固定兔耳，右手持注射器，在中央动脉末端，沿着动脉平行的方向刺入动脉，刺入方向应朝近心端。不要在近耳根部进针，因其耳根组织较厚，血管游离，位置较深，不清晰，易刺透血管造成皮下出血。一般用6#针头采血。取血完毕后注意止血。此法一次可抽取血10~15 mL。

由于兔在其进化过程中，形成胆小易惊的习性，其外周血液循环对外界环境刺激极为敏感，耳中央动脉易发生痉挛性收缩。因此，抽血前必须让兔耳充血，并赶在动脉扩张而未发生痉挛性收缩前立即抽血。若注射针刺入后尚未抽血，血管已发生痉挛性收缩，应将针头放在血管内不动，待痉挛消失、血管舒张后再抽。若在血管痉挛时强行抽吸，会导致管壁变形，针头易刺破管壁，形成血肿。

（2）耳缘静脉采血。耳缘静脉采血多用于家兔等动物的中量采血，可反复采取，采血姿势与耳缘静脉注射给药相同。操作时，将兔固定于兔盒内或由助手固定，选静脉较粗、清晰的耳朵，拔去采血部位的被毛，消毒。为使血管扩张，可用手指轻弹或用二甲苯涂擦血管局部。用6#针头沿耳缘静脉远心端刺入血管。也可以用刀片在血管上切一小口，让血液自然流出即可。取血后用棉球压迫止血。此法一次可采血5~10 mL。

（3）心脏采血。家兔的心脏采血比较常用，一般不需开胸，基本方法同小动物的心脏采血，且更易掌握。将兔仰卧固定，在左侧胸部心脏部位去毛，消毒。用左手触摸第3~4肋间，选心跳明显处穿刺。一般由胸骨左缘外3 mm处将注射针头插入第3~4肋间隙。当针头正确刺入心脏时，由于心搏的力量，血自然进入注射器。采血中回血不好或动物躁动时应拔出注射器，重新确认后再次穿刺采血。经6~7 d后，可以重复进行心脏采血。

（4）颈动（静）脉采血。当需要大量采血时可使用颈动脉采血。操作时，用戊巴比妥钠将兔麻醉，仰卧位固定，以颈正中线为中心广泛剃毛，消毒。从距头颈交界处5~6 cm的部位用直剪剪开皮肤，将颈部肌肉用无钩镊子推向两侧，暴露气管，即可看到平行于气管的白色的迷走神经和桃色的颈动脉，颈静脉位于外侧，呈深褐色。分离一段颈动脉和颈静脉，结扎远心端，并在近心端放一缝线，在缝线处用动脉阻断钳夹紧动脉，在结扎线和近心端缝线之间用眼科剪刀作"I"形或"V"形剪口，并将血管与塑料管固定好，将塑料管的另一端放入采血的容器中。缓慢松开动脉夹，血液便会流出。

3. 豚鼠采血法

（1）耳缘剪口采血将豚鼠耳廓消毒后，用刀或刀片割破耳缘，在切口边缘涂抹20%柠檬酸钠溶液，阻止血凝，血即从切口处自动流出，用容器收集。

（2）心脏采血方法同大鼠、小鼠、家兔。

（3）股动脉采血方法同大鼠、小鼠。

（4）背跖静脉采血。背跖静脉采血主要用于豚鼠。背跖静脉有两根：外侧跖静脉和内侧跖静脉，均可用于采血。操作时，由助手固定动物，并将其后肢膝关节伸直到操作者面前，操作者将动物脚面用酒精消毒，并找出外侧跖静脉和内侧跖静脉后，以左手的拇指和食指拉住豚鼠的跖端，右手拿注射器刺入静脉采血。拔出后立即止血，若刺入部位呈半球隆起，应用纱布或脱脂棉压迫止血。反复取血时，两后肢交替使用。

4. 犬和猫取血法

（1）前、后肢皮下浅层静脉采血。前后肢皮下浅层静脉采血在犬、猫使用最为广泛。这些静脉主要包括：前肢内侧皮下静脉、后肢外侧小隐静脉。操作方法基本与注射方法相同。当针头插入血管后，应解除静脉上端加压的手或胶皮管。取血完毕后，应注意止血。如只需几滴血，可采用针尖刺血的方法，再用玻片接住或用滴管吸取。

（2）颈静脉采血。犬颈静脉采血时，不需麻醉。将犬固定，取侧卧位，剪去颈部被毛10 cm×3 cm范围，消毒。然后将犬颈部位拉直，头尽量后仰。用左手拇指压住颈静脉入胸部位的皮肤，使颈静脉充盈，右手取连有7#针头的注射器，针头平行血管刺入血管。由于此静脉在皮下易于滑动，针刺时除用左手固定好血管外，刺入要准确。取血后注意压迫止血。本法一次可采较多血。

（3）隐动（静）脉采血。采血方法基本同注射方法。

（4）股动脉采血。犬股动脉采血时可不麻醉，仰卧位固定，伸展后肢外拉直，暴露腹股沟，在腹股沟三角区动脉搏处的部位剪去被毛，消毒。左手中指、食指探摸股动脉，在跳动部位固定好血管，右手取连有6#针头的注射器，针头由动脉跳动处直接刺入血管。当血液进入注射器时，即可根据需要量抽取血液。取血完毕后用纱布压迫止血3 min。本法可采大量血液。

（5）心脏采血。此法也较多用于犬、猫采血，方法与大、小鼠心脏采血基本类似。操作时，动物可不麻醉。仰卧固定，前肢向背侧方向固定，暴露胸部，剪去左侧第3~5肋间的被毛，消毒。用左手探摸，确定搏动最强处。右手持连7#针头的注射器，一般选择胸骨左外缘1 cm处，于第3~4肋间穿刺。穿刺时，可随针头接触到心脏跳动的感觉，调整刺入方向和深度，但不能让针头在胸腔内乱晃。当穿刺正确时，血液自动流入注射器。本法可抽取大量血液。

5. 猪取血法

（1）耳大静脉采血。当需要中量或少量猪血时采用。一般固定后，用酒精、碘酒消毒。用力擦拭猪耳，可清晰见到耳缘静脉，用连接6#针头的注射器直接抽取。注意抽吸速度不要太快，因猪耳皮肤较厚，应选择锐利的针头。另外，可用刀片切开静脉，用滴管等吸取。完毕后，注意压迫止血。

（2）心脏采血。基本方法同啮齿类动物的心脏采血。因猪的胸部肌肉较厚，应使用心脏穿刺针。仰卧固定，剃毛，消毒左手探摸，在左第3~4肋处，右手持连有心脏穿刺针的注射器。如第一次没有成功，则拔出后重新穿刺。完毕后压迫止血。此办法可采大量血液。

6. 羊的采血方法

常采用颈静脉取血方法。也可在前后肢皮下静脉取血。颈静脉粗大，容易抽取，而且取血量较多，一般一次可取50~100 mL。

将羊蹄捆绑，按倒在地，由助手用双手握住羊下颌，向上固定住头部。在颈部一侧外缘剪毛约6 cm×7 cm，碘酒、酒精消毒。用左手拇指按压颈静脉，使之怒张，右手取连有粗针头的注射器静脉一侧以30°倾斜由头端向心方向刺入血管，然后缓缓抽血至所需量。取血完毕，拔出针头，采血部位以酒精棉球压迫片刻，同时迅速将血液注入盛有玻璃球的烧瓶内。

7. 鸡的采血方法

鸡常采用的采血方法，是从其翼根静脉采血。翼根静脉采血方法，可将动脉翅膀展开，露出腋窝，将羽毛拔去，即可见到明显的翼根静脉，此静脉是由翼进入腋窝的一条较粗静脉。用碘酒、酒精消毒皮肤。抽血时用左手拇指、食指压迫此静脉向心端，血管即怒张。右手取连有5号半针头的注射器，针头由翼根向翅膀方向沿静脉平行刺入血管内，即可抽血。一般一只成年动物可抽取10~20 mL血液。也常采用右侧颈静脉取血。右侧颈静脉较左侧粗，故用右侧颈静脉。以食指和中指按住头的一侧，用酒精棉球消毒右侧颈静脉的部位。以拇指轻压颈根部以使静脉充血。右手持注射器刺入静脉取血。常用采血法还有爪静脉取血和心脏采血。在爪根部与爪中间血管尖端之间切断血管，以吸管或毛细管直接采血。也可将注射针刺入心脏内采血。

（三）血清、血浆制备及血液标本保存和测试影响因素

1. 血清制备

动物静脉抽血后，待血液稍凝固后，3 000 r/min、离心10 min后，取血清。血清可保存在-20℃或-80℃冰箱内。

2. 血浆制备

（1）肝素抗凝。用已加有1 mg/mL肝素抗凝的试管一个，加动物全血5 mL，轻轻摇

匀，3 000 r/min，离心5 min后，取血浆。

（2）3.8%枸橼酸钠抗凝。取试管一根，加入已配好的3.8%枸橼酸钠试剂0.2 mL，加入动物全血1.8 mL，轻轻摇匀，3 000 r/min、离心5 min后，取血浆。

3. 血液标本保存注意事项

血液标本应避光保存，保存容器以玻璃、聚氯乙烯和聚四氟乙烯制品为宜。低温下保存过的样品不能在室温慢慢溶解，而应放在25~37℃水浴中短时间快速溶解，充分混匀，恢复到室温校正总量。血液标本必须避免重复冻结、溶解，这样会使血液成分改变。

血清一般保存于4~6℃冰箱或冻结保存数天，多数成分是比较稳定的。全血切勿冰冻，因红细胞在冰点下受到物理作用的改变不可逆，将会溶血，影响测定结果。需用全血或血浆的检验项目必须用抗凝容器盛血液标本，于4~6℃冰箱中保存。全血在保存期间如发现界限不清，血浆与红细胞层交界处有松散的红色，表示有轻度溶血，红色增多则是溶血加重，不能再使用。

血液中特别不稳定的成分，如氨、胆红素、酸性磷酸酶、同工酶、CO_2等，在采血后必须立即进行检验。血液中具有生物活性的酶，在不同温度下保存，活性时间也不尽相同。多数酶保存时间越长，活性降低的可能性越大。如磷酸肌酸酶活性在-16℃放置25 h后失活6%；4℃保存24 h后失活47%；20℃保存24 h后失活70%。全血在保存过程中钾、氨、乳酸含量会增加，CO_2含量会减少。

4. 影响血液检测结果的因素

（1）采血时间。动物实验中，检测生化指标时应在禁食（不禁水）4~12 h后采血，如检测血糖、血脂、游离脂肪酸、肝功及肾功能检查等，进食多可影响血液生化指标。有些重复检查指标需在同一时间采血检查，如血浆皮质醇、血清胆红素、白细胞等，因为这些指标在1 d之内的不同时间有生理性的高低波动。

（2）采血血管。动物血液可由静脉、毛细血管、动脉等采集。由不同血管采集的血液对多数检查指标影响不大，但也有一些指标会受影响，如血糖、血清乳酸及丙酮酸值静脉血和毛细血管血有一定差异；血氧饱和度、CO_2在动脉血和静脉血之间有明显差异，血糖、血清乳酸也有差异。

（3）密闭方式。血液暴露于空气后，CO_2会迅速逸出并吸收氧气提高血氧饱和度，从而引起血液pH值和细胞内外一系列成分的改变，所以测定pH值及气体的血液样品要求以密闭方式采血。

二、实验动物尿及其他体液的采集

（一）尿液收集法

尿液采集的方法较多，一般在实验前需给动物灌服一定量的水。

1. 代谢笼法

此法较常用，适用于大鼠、小鼠尿液的采集。代谢笼是将尿液和粪便分开而达到收集动物尿液为目的的一种特殊装置。代谢笼主要包括三角形漏斗（大鼠用21 cm，小鼠用

14 cm)、粪尿分离器、带孔的玻璃板，动物饮水及采食玻璃管等组成。采尿时将动物放在代谢笼内，动物排便时，通过笼子底部的大小便分离漏斗将尿液与粪便分开，即可收集尿液。

由于大鼠、小鼠尿量较少，操作中损失和蒸发，各鼠膀胱排空不一致等原因，都可造成较大的误差，因此一般需收集5 h以上的尿液，最后取平均值。成熟小鼠尿量为1~3 mL/24 h，大鼠为10~15 mL/24 h。

2. 膀胱导尿法

此法是直接从动物尿道插管到膀胱的方法来收集尿液，根据动物大小，取适当粗细的塑料管，头端用酒精灯烧圆滑，尾端用一个粗针头备接尿液。常用于雄性兔、犬动物的采尿。操作时，先以液体石蜡湿润导尿管头端，然后由尿道口徐徐插入，一般没有阻力感，插入深度视动物大小而定，当导尿管插入膀胱后，尿液立即从管中流出，将导尿管固定好，并把导尿管尾端放入容器中，即可以采到没有污染的尿液。

3. 压迫膀胱法

在实验研究中，有时为了某种实验目的，要求间隔一定的时间，收集一次尿液以观察药物的排泄情况。动物轻度麻醉后，实验人员用手在动物下腹部加压，手要轻柔而有力。当加的压力足以使动物膀胱括约肌松弛时，尿液会自动排出。此法适用于兔、猫、犬等较大动物。

4. 输尿管插管法

在兔、猫、犬等动物急性实验中，可在动物输尿管内插一根塑料套管收集尿液。

动物麻醉后，固定于实验台上。剪毛、消毒、在耻骨联合上缘之上正中线做皮肤切口（长3~4 cm），沿腹白线切开腹壁及腹膜，找到膀胱。辨认清楚输尿管进入膀胱背侧的部位（即膀胱三角）后，细心地分离出两侧输尿管，分别在靠近膀胱处穿线结扎，在离此结扎点约2 cm处的输尿管近肾端下方分别穿1根丝线。用眼科剪在管壁上剪一斜向肾侧的小切口，分别插入充满生理盐水的细塑料管（插入端剪成斜面），用留置线结扎固定。可见到尿滴从插管中流出（头几滴是生理盐水），塑料管的另一端与带刻度的容器相连或接在记滴器上，以便记录尿量。在实验过程中应经常活动一下输尿管插入管，以防阻塞。在切口和膀胱处应盖上温湿的生理盐水纱布。

5. 膀胱插管法

腹部手术同输尿管插管。将膀胱翻出腹外后，用丝线结扎膀胱颈部，阻断尿道。然后在膀胱顶部避开血管剪一小口，插入膀胱漏斗，用丝线做一荷包缝合结扎固定。漏斗最好正对着输尿管在膀胱的入口处。注意不要紧贴膀胱后壁而堵塞输尿管。漏斗下端接橡皮管插入带刻度的容器内以收集尿液。

6. 膀胱穿刺法

犬、猪、兔的实验中常用此法采集尿液。动物麻醉后固定于实验台上，在耻骨联合之上腹正中线剪毛，消毒后进行穿刺，入皮后针头应稍改变一下角度，以避免穿刺后漏尿。刺入时应慢慢深入，边进边抽吸，以抽出尿液为适度，抽到尿液后左手固定针头，取下针筒，再用5#导胃管经针头管道插入膀胱内，直到尿液从导管流出，然后轻轻拔出针头，留置导管并固定,即可收集尿液。

7. 剖腹采尿法

同穿刺法一样做术前准备。皮肤准备范围应大一点。剖腹暴露膀胱,操作者的左手用无齿镊夹住一小部分膀胱壁,右手持针在小镊夹住的膀胱部位直接穿刺抽取尿液。可避免针头贴在膀胱壁上而抽不出尿液。

8. 反射排尿法

适用于小鼠,因小鼠被人抓住尾巴提起时排尿反射比较明显。采少量尿液时,可提起小鼠,将排出的尿液接到带刻度的容器内。

(二)其他体液的采集法

1. 胸水的采集

实验动物的胸水采集,主要利用胸膜腔穿刺术。先准备好普通注射针头、穿胸套管针、注射器等器械。大、中型动物应麻醉,小动物应侧卧保定。术部剪毛消毒后,左手将术部皮肤向侧方移动,右手持穿刺套管针,在紧靠肋骨前缘处垂直刺入,穿刺肋间肌时有一定阻力,当阻力消失针有落空感,表明已刺入胸腔,即可抽取胸水。犬在左侧第8肋间或右侧第7肋间,羊在左侧第6或第7肋,间或在右侧第5或第6肋间,穿刺时应避免损伤肋间血管和神经。

2. 腹水的采集

腹水的采集主要利用腹腔穿刺术。动物取立位保定。穿刺点在腹下剑状软骨后方,旁开正中线,小动物在脐稍后正中线侧方1~2 cm。穿刺时,先将穿刺部位剪毛消毒,再将皮肤稍向一侧移动,用注射器或穿刺套管针与腹壁垂直刺入。针尖有落空感后,腹水将自行流出。若腹水量较大,应缓慢间歇地抽出,以免腹内压突然下降而致使动物发生循环功能障碍。采完腹水后用碘酒棉球涂抹。

3. 消化液的采集

(1)唾液的采集。动物的唾液采集一般采用刺激法。通过食物的颜色、气味等刺激动物的视觉、嗅觉而致动物唾液分泌增加,再通过引入导管采集。唾液的采集一般指大动物而言。如采集犬、猪的颌下腺的唾液,需将动物进行中长效麻醉后,在颌下腺排泄。管壁上做一切口,放置聚乙烯管,插管到达腺体内部附近进行结扎,当刺激舌神经外周末端时,腺体受到刺激,唾液流出,用容器收集。由于唾液腺共有三对,故采集不同腺体的唾液放置聚乙烯管的位置不同。

(2)胃液的采集。胃液的采集同样通过刺激,使胃液分泌增加,采用插胃管的办法抽取胃液。胃液的采集一般针对大动物而言。采取胃液较少时可用灌胃管经动物口中插入胃内,在灌胃管外出口连接注射器,轻轻由注射器抽吸。慢性试验中,若需大量胃液、连续采集胃液时,可先手术放置瘘管,然后通过刺激方法采集。胃瘘有全胃瘘、巴氏小胃瘘、海氏小胃瘘等几种。

(3)胆汁的采集。胆汁的采集需要手术进行。以大鼠为例。手术前禁食16~18 h,饮

2.5%葡萄糖盐水。将动物麻醉仰卧于实验台，在剑突下正中线做3~5 cm的切口，切开腹膜，暴露腹腔，将肝脏向上翻起，找出肝总管和胆总管。在十二指肠与胃交界处，有一暗绿色的囊（注意大鼠没有胆囊而是由几根肝管汇集成肝总管和胰管一起汇成胆总管，开口于十二指肠），并分离出胆囊或胆总管。在胆总管靠近十二指肠的膨大部位后端剪开切口，用剪成斜口的聚乙烯管尖端由此插入，一直向上插入至肝总管后，结扎固定，可收取胆汁。注意：若插管前端在胆总管处，收集到的液体为胆汁和胰液混合液。为准确起见，可在肝总管处剪切口插入。若需引流，可在打开腹腔后，从背部皮肤和肌肉层插入一根长125 mm，直径7 mm的不锈钢管，在接近肝脏处穿过脊背。当分离出胆总管后，在相距约10 mm处各用丝线结扎两处。在相距结扎处3 mm位置做第一切口，将使胆汁回流到肠道的聚乙烯管插入胆管，结扎。第二切口在胆总管近端线下3 mm处做小切口将采集胆汁导管固定在背侧开口，随后将采集胆汁导管的聚乙烯管放进胆汁容器内。肝肠复位，腹腔注入温盐水1 mL，用3#丝线连续缝合覆膜和肌层，皮肤用4#丝线缝合。引流入胆汁容器的胆汁，通过回流导管再回流到肠道。动物放进保温箱内，保持体温，待动物清醒后放回笼内，供给葡萄糖盐水。

（4）胰液的采集。因胰液的基础分泌量少或无，故一般采取手术插管后采集：基本方法同胆汁的采集。插管中注入0.5%盐酸溶液或粗制促胰液素促进胰液的分泌。促胰液素的粗制方法：在刚死亡的动物身上，从十二指肠首端开始向下取约7 cm小肠，将小肠冲洗干净，纵向剪开，用刀柄刮取全部黏膜放入研钵，加入0.5%盐酸10~15 mL研磨后，将得到的稀浆倒入烧杯中，再加入0.5%盐酸100~150 mL，煮沸10~15 min，然后用10%~20%NaOH趁热中和（用石蕊试纸检查），待至中性，用滤纸趁热过滤。即可得到粗制促胰液素，将其放在低温下保存。

犬的胰液采集。按30 mg/kg体重静脉注射3%戊巴比妥钠麻醉犬，并将其仰卧固定于犬手术台上。颈部切口并进行气管插管。于剑突下沿至正中线在腹壁作10 cm切口。暴露腹腔，从十二指肠末端找出胰尾，沿胰尾向上将附着于十二指肠的胰液组织用盐水纱布轻轻剥离，在尾部向上2~3 cm处可找到白色小管从胰腺穿入十二指肠，此为胰主导管。待认定胰主导管后，分离胰主导管并在下方穿线，在尽量靠近十二指肠处切口，插入胰管插管，并结扎固定。最后做股静脉插管，以便输液与静脉给药用，同时分别在十二指肠上端与空肠上端各穿一条粗棉线，并扎紧。而后向十二指肠腔内注30℃的0.5%盐酸25~40 mL，或股静脉注射粗制促胰液素5~10 mL，然后收集胰液。

大鼠的胰液采集。麻醉大鼠，在固定板上仰卧固定。自上腹部剑突部位向下做3 cm左右腹正中切口，用眼科镊柄将肝脏向上翻起，找出十二指肠和胃的交界处，用0#缝合线在交界处穿线备用。然后在十二指肠上离幽门2 cm左右处，可找到一根和十二指肠垂直，稍带黄色透明的细管，即胆总管。大鼠胰管很多，包括前大胰腺管、后大胰腺管以及许多小胰腺管。大鼠的所有胰腺管均不直接开口于十二指肠而都开口于胆总管。胆总管是由肝总管和许多胰管一起汇合而成，并开口于十二指肠。肝总管由各肝管汇集而成。在胆总管和十二指肠交界处，用眼科弯镊分离出胆总管，注意不要弄破周围的小血管，并避免用手刺激胰腺组织，以免影响胰液的分泌。分离完毕，从胆总管下穿两根0#缝合线，靠肠管的一根结扎，作为牵引线。用眼科剪在胆总管壁前剪一小斜口，将制作好的胰液收集管插入小口内。插入后，可见黄色胆汁和胰液混合流出。结扎并固定，此管供收集胰液用。然后顺着胆总管向上可找到肝总管，结扎。此时，在胰液收集管内可见有白色胰液流出，胰液收集管后端可再接内径2 mm的硅胶管，引出。胰液收集管可选用聚乙烯塑料软管，内径2 mm，外径3 mm，长3 cm左右。用时用力将一段拉细呈外径0.05 mm，剪成斜口，在粗细交界处绕3~4圈用0#缝合线。

4. 脑脊液的采集

（1）兔脑脊液的采集。将家兔麻醉后，去其颈背侧区及颅的枕区皮肤上的被毛，消毒。侧卧位将家兔的耳朵固定紧，并弯曲其颈部以便暴露其颅底。用针头刺入外隆凸尾端大约2 mm处。

（2）比格犬脑脊液的采集。按小脑延髓池给药方法采集比格犬脑脊液。用注射器抽出清亮的脑脊液，通常可抽出2~3 mL，但注意抽取后，一定要向小脑延髓池注入等量的生理盐水，以确保比格犬脑脊液腔里的压力。

（3）小鼠脑脊液的采集。先将小鼠用乙醚麻醉，附于三角形棒上，用胶带固定其头部，使其头下垂与体位形成45°角，以充分暴露枕颈部。从头至枕骨粗隆做中线切口4 mm，再至背部1 mm，钝性分离。用虹膜剪剪去枕骨至寰椎肌肉，如果出血可用烧灼器灼烧，可见白色硬脑膜。用针头在其椎骨和寰椎间2 mm处刺破，用微量吸管吸取2.5 μL脑脊液。

5. 脊髓液的采集

将动物作自然俯卧式，尽量使其尾部向腹侧屈曲，剪去第七腰椎周围的被毛，用3%碘酊消毒，待稍干后再用75%乙醇脱碘。在动物背部脊髓骨连线之中点稍下方找到第七腰椎间隙，插入腰椎穿刺针头。当针头达到椎管内时，可见到动物的后肢抽动，即说明穿刺针头已进入椎管，用注射器抽取脊髓液。

6. 骨髓液的采集

（1）小动物骨髓的采集。以大鼠、小鼠为例，用颈椎脱臼法处死动物，剥离出胸骨或股骨，用注射器吸取少量的Hank's平衡盐溶液，将胸骨或股骨中骨髓液全部冲洗出。如果是取少量的骨髓做检查，可将胸骨或股骨剪断，将其断面的骨髓挤在有稀释液的玻片上，混匀后涂片晾干即可染色检查。

（2）大动物骨髓的采集。大动物骨髓液的采集通常用活体穿刺法，多为胸骨、肋骨、股骨等骨的骨髓。先将动物麻醉、固定、局部除毛、消毒皮肤，然后估计好皮肤到骨髓的距离，把骨髓穿刺针的长度固定好。操作人员用左手把穿刺点周围的皮肤绷紧，右手将穿刺针在穿刺点垂直刺入，刺入固定后，轻轻左右旋转将穿刺针钻入，当穿刺针进入骨髓腔时常有落空感。

（3）常用的骨髓穿刺点：胸骨，穿刺部位在胸骨体与胸骨柄连接处。肋骨，穿刺部位是第5~7肋骨各点的中点。胫骨，穿刺部位是股骨内侧、靠下端的凹面处。如果穿刺点是肋骨，穿刺结束后要用胶布封贴穿刺孔，防止发生气胸。

7. 动物精液采集

动物精液的采集常用假阴道采精法，适用于兔、山羊、绵羊、猪、犬等动物。小动物则常在雌雄交配后24 h内，在雌性动物生殖道内可收集到透明的阴道栓，可通过阴道涂片染色观察凝固的精液。采集精液是动物生产和科研工作常用的方法。常用的精液采集方法有假阴道法、徒手法、电刺激法等。

（1）假阴道法。假阴道由内外胎和集精瓶组成。外壳用塑质管制成，内径为2 cm，管长6 cm。

采精方法：以兔为例，采精时先装好假阴道，将45℃左右的热水通过外壳旁的小孔灌入假阴道使内胎膨胀，套内保持一定温度和弹性，假阴道口涂上凡士林做润滑剂。采精时，一手握住假阴道，另一只手伸向雄性兔生殖器，此时应注意假阴道的进口高度，使雄兔阴茎正好插入。一旦雄兔阴茎插入阴道后发出"咕咕"叫声并倒下，说明兔射精完毕。应立刻拆下采精瓶，并将精液倒入有刻度的干燥离心管内，迅速做有关检查。

（2）电刺激法。此法使用范围较广，可用于大鼠、小鼠、豚鼠、兔等的精液采集。此法采精时需借助电刺激采精器进行。采精时，让雄性动物站立或侧卧固定，剪去包皮周围的被毛，用生理盐水冲洗并拭干。将电极棒插入直肠，靠近输精管壶腹部的直肠底壁，插入深度约5 cm，然后调节控制器，选择好频率，开通电源，调节电压由低到高，直至雄性动物伸出阴茎，勃起射精。

8. 阴道内液的采集

采集阴道内液一般进行涂片检查，检查雌性动物的生理周期等特征，阴道内液的采集一般指大动物而言的。

（1）冲洗法。将装有灭菌的生理盐水点滴管轻轻插入动物阴道内，按压点滴管橡皮头，将生理盐水打入阴道后再吸出，重复2~3次，最后将滴管中的阴道冲洗液滴在载玻片上，显微镜下可观察涂片细胞。

（2）蘸取法。将消毒的细棉签用生理盐水湿润，轻轻插入动物阴道内，慢慢转动两下取出，把带有阴道内含物的棉签在载玻片上均匀转动，制作成涂片可以进行细胞学检查。

（3）刮取法。用光滑的小勺或小刮片慢慢插入阴道中，在阴道壁轻轻刮取一点阴道内含物，进行检查。

9. 乳汁的采集

（1）按摩法。用手抚摸哺乳期的乳头，可使乳汁自动流出。也可朝乳头方向加压按摩动物乳房，可挤出乳汁。

（2）吸乳器法。采用吸乳器吸在动物乳头上，造成负压而使乳汁被动吸出。

10. 粪便的采集方法

大鼠、小鼠使用代谢笼采集粪便。另外，动物仰卧固定时，会排出少量粪便。

兔采集少量新鲜粪便时，兔仰卧，用手托住臀部，大拇指压迫肛门部，可采集数个粪球。若大量采集粪便，需使用代谢笼。

犬、小型猪采集自然排出的新鲜粪便或用棉签插入肛门采集少量粪便。

三、实验动物的生理生化指标

实验动物的生理生化指标具体见表8-3至表8-11。

表8-3 实验动物临床生理正常指标值

动物种类	体温（℃）	呼吸数（次/min）	脉数（次/min）	血压（mm Hg）	红细胞数（百万个）	血红数（g/100 mL）	血细胞容量值（%）	红细胞直径（μm）
小鼠	38.0 (37.7~38.7)	128.6 (118~139)	485 (422~549)	147 (133~160)	9.3 (9.2~11.8)	12~16	54.6	5.5
大鼠	38.2 (37.8~38.7)	85.5	344 (324~341)	107 (92~118)	8.9 (7.2~9.6)	15.6	50	6.6
豚鼠	38.5 (38.2~38.9)	92.7 (66~120)	287 (297~350)	75~90	5.6 (4.5~7.0)	11~15	33~44	7.0
家兔	39.0 (38.5~39.5)	51 (38~)	205 (123~304)	89.3 (59~119)	5.7 (4.5~7.0)	110.4~15.6	33~44	7.0
犬	38.5 (37.5~39.0)	10~30	70~120	155	6.3 (6.0~9.5)	8~13.8	40.8	6.0
猫	39.0 (38.0~39.5)	20~30	120~140	140~170	8.0 (6.5~9.5)	8~13.8	40.8	6.0
绵羊	39.1 (38.3~39.9)	12~20	70~80	110 (90~140)	8.0	9~14.5	41.7	4.53
山羊	39.9 (38.7~40.7)	12~20	70~80	120	13.0	9~14	38.6	4.2

表8-4 实验动物白细胞正常指标值

动物种类	白细胞数（百万个）	白细胞分类（%）					血液比重（%）	血量/体重 mL/kg
		嗜碱	嗜酸	中性	淋巴细胞	单核细胞		
小鼠	8.0 (4.0~12.0)	0.5 (0~1.0)	2.0 (0~5.0)	25.5 (12.0~44.0)	68.0 (54.0~85.0)	4.0 (0~15.0)	—	1/5
大鼠	14.0 (5.0~25.0)	0.5 (0.0~1.5)	2.2 (0.0~0.6)	46.0 (36.0~52.0)	73.0 (65.0~84.0)	2.3 (0.0~5.0)	—	1/20
豚鼠	10.0 (7.0~19.0)	0.7 (0.0~2.0)	4.0 (2.0~12.0)	42.0 (22.0~50.0)	9.0 (37.0~64.0)	4.3 (3.0~13.0)	—	1/20
家兔	9.0 (6.0~13.0)	5.0 (2.0~7.0)	2.0 (0.5~3.5)	46.0 (36.0~52.0)	39.0 (30.0~52.0)	8.0 (4.0~12.0)	1.050	1/20
狗	12 (8.0~18.0)	0.7 (0.0~2.0)	5.1 (2.0~14.0)	68 (62.0~80.0)	21 (10.0~28.0)	5.2 (3.0~9.0)	1.059	1/13
猫	16 (9.0~24.0)	0.1 (0.0~0.5)	5.4 (2.0~11.0)	59.5 (44.0~82.0)	31.0 (15.0~44.0)	4.0 (0.5~7.0)	1.054	1/20

（续表）

动物种类	白细胞数（百万个）	白细胞分类(%)					血液比重（%）	血量/体重 mL/kg
		嗜碱	嗜酸	中性	淋巴细胞	单核细胞		
绵羊	6.0~12.0	0	3.0	34.7	60.3	2.0	1.042	1/12
山羊	6.0~15.0	0.2	4.2	38.4	55.1	2.1	1.062	1/12

表8-5 实验动物饲料量、饮水量、产热量

动物种类	饲料量（kg/d或g/d）	饮水量（mL/d或mL/d）	热量（cal/h）
小鼠（成）	2.8~7.0（4~6）	4~7（6）	2.34
大鼠（50 g）	9.3~18.7（12~15）	20~45（35）	15.60
豚鼠（成）	14.2~28.4	85~150（145）	21.81
兔（1.36~2.26 kg）	28.4~85.1/kg（150）	60~140（300）	132.60 9.75
猪（成）	1.8~3.6 kg	3.8~5.7 L	
犬（4.5 kg）	300~500	350	312~585
猫（2~4 kg）	113~227	100~200	97.5~117
牛（成）	7.0~12.7 kg	38~83 L	3 120
牛仔	1.8~6.8 kg	7.6~15	1 365
绵羊（成）	0.9~2.0 kg	0.5~1.4	3 120
山羊（成）	0.7~4.5 kg	1~4	1 365~2 145
鸡（成）	96.4		117

表8-6 实验动物排便排尿量

动物种类	排便量（kg/d或g/d）	排尿量（mL/d或L/d）	动物种类	排便量（kg/d或g/d）	排尿量（mL/d或L/d）
小鼠（成）	1.4~2.8	1~3	猫（2~4 kg）	56.7~227	20~30
大鼠（50 g）	7.1~14.2	10~15	黑猩猩（成）	140~410	0.5~1.1
豚鼠（成）	21.2~85.0	15~75	猕猴（成）	110~300	110~550
兔1.36~2.26 kg	14.2~56.7 kg	40~100	牛（成）	27.0~60.8 kg	11.4~19.0 L
牛仔	1.4~6.4 kg	3.8~11.4	绵羊（成）	1.4~2.7 kg	0.9~1.9 L
猪（成）	2.7~3.2 kg	1.9~3.8	山羊（成）	1.4~2.7 kg	0.7~2.0 L
犬（4.5 kg）	113~340	65~400	鸡（成）	113~227	—

表8-7 实验动物生殖生理指标值

动物种类	始发情期(生后,d)	繁殖适龄期(生后)	成熟体重	性周期(d)	发情持续时间(h)	发情性质	由发情开始至排卵	妊娠期(d)	产仔数(头)	新生体重(g)	哺乳时间(d)	离乳体重(g)	成年体重(g或kg)
小鼠	30~40	8周	20 g以上	5(4~7)	12(8~20)	全年	2~3 h	19(18~20)	6(1~18)	1.5	21	10~12	25~30
大鼠	50~60	3月	♂250 g以上 ♀150 g以上	4(4~5)	13.5(8~20)	全年	8~10 h	20(19~22)	8(1~12)	5~6	21	35~40	250~400
豚鼠	45~60	4月	500 g以上	16.5(14~17)	8(1~18)	全年	10 h	68(62~72)	3.5(1~6)	85~90	21	250 160~170	500~800
家兔	150~240	4月	2.5 kg以上	—	—	全年	交配后10.5 h	30(29~35)	6(1~10)	100 70~80	45	1 000	1 000~7 000 2 900
狗	180~240	12月	5~20 kg	180(126~240)	9(04~13)日	春秋2次	1~3 d	60(58~63)	7(1~20)	200~500	60	—	10~30
猫	180~240	12月	2~3 kg	4(3~21)	4(3~10)日	每年2季发情,每季数次	交配后24 h	63(60~68)	4	90~130	60	—	—
绵羊	180~240	12月	♂80 kg ♀55 kg	16(14~20)	1.5(1~3)日	秋	12~18 h	150(140~160)	1~2	—	120	—	—
山羊	180~240	12月	♂75 kg ♀45 kg	21(15~24)	2.5(2~3)日	秋	9~19 h	151(140~160)	1~3	—	90	—	—

表8-8 实验动物血清生化指标值

动物种类	胆红素（mg%）	胆固醇（mg%）	肌酐（mg%）	葡萄糖（mg%）	尿素氮（mg%）	尿酸（mg%）	钠（mEg/L）	钾（mEg/L）	氯（mEg/L）	重碳酸盐（mEg/L）	无机磷（mg%）	钙（mg%）	镁（mg%）
小鼠	0.75±0.05 (0.10-0.90)	63.3±11.8 (26.0-82.4)	0.84±0.19 (0.30-1.00)	92.2±10.5 (62.8-176)	20.8±5.86 (13.9-28.3)	4.12±1.10 (1.20-5.00)	138±2.90 (128-145)	5.25±0.13 (4.85-5.85)	108±0.60 (105-110)	26.2±2.10 (20.2-31.5)	5.60±1.61 (2.30-9.20)	5.60±0.40 (3.20-8.50)	3.11±0.37 (0.80-3.90)
	0.70±0.04	65.5±21.1	0.67±0.17	85.0±9.50	17.9±4.50	3.90±0.95	134±2.60	5.40±0.15	107±0.55	24.8±2.30	6.55±1.30	7.40±0.50	1.38±0.28
大鼠	0.35±0.02 (0.00-0.55)	28.3±10.2 (10.0-54.0)	0.46±0.13 (0.20-0.80)	78.0±14.0 (50.0-135)	15.5±4.44 (5.0-29.0)	1.99±0.25 (1.20-7.50)	147±2.65 (143-156)	5.82±0.11 (5.40-7.00)	102±0.85 (100-110)	24.0±3.80 (12.6-32.0)	7.56±1.51 (3.11-11.0)	12.2±0.75 (7.20-13.9)	3.12±0.41 (1.60-4.44)
	0.24±0.07	24.7±9.62	0.49±0.12	71.0±16.0	13.8±4.15	1.79±0.24	146±2.50	6.70±0.12	101±0.95	20.8±3.60	8.26±1.41	10.6±0.89	2.60±0.21
豚鼠	0.30±0.08 (0.00-0.90)	32.0±10.5 (16.0-43.0)	1.38±0.39 (0.62-2.18)	95.3±11.9 (82.0-107)	25.2±6.37 (9.00-31.5)	3.45±0.40 (1.30-5.60)	122±0.98 (120-146)	4.87±1.04 (3.80-7.95)	92.3±1.04 (90.0-115)	22.0±4.00 (12.8-30.0)	5.33±1.15 (3.00-7.63)	9.60±0.63 (8.30-12.0)	2.35±0.25 (1.80-3.00)
	0.32±0.07	26.8±11.1	1.40±0.35	89.0±9.60	21.5±5.84	3.38±0.41	125±0.96	5.06±0.93	96.5±1.19	20.9±3.80	5.30±1.10	10.7±0.58	2.46±0.27
兔	0.32±0.04 (0.00-0.74)	26.7±12.9 (10.0-80.0)	1.59±0.34 (0.50-2.65)	135±12.0 (78.0-155)	19.2±4.93 (13.1-29.5)	2.65±0.88 (1.00-4.30)	146±1.15 (138-155)	5.75±0.20 (3.70-6.80)	101±1.45 (92.0-122)	24.2±3.15 (16.2-31.8)	4.82±1.05 (2.30-6.90)	10.1±1.11 (5.60-12.1)	2.52±0.24 (2.00-5.40)
	0.30±0.04	24.5±11.2	1.67±0.38	128±14.0	17.6±4.36	2.62±0.87	141±1.40	6.40±0.16	105±1.22	22.8±3.20	5.06±0.93	9.50±1.10	3.20±0.22
狗	0.25±0.11 (0.00-0.50)	211±32.0 (137-275)	1.35±0.35 (0.8-2.05)	132±16.4	15.0±4.90	0.55±0.11 (0.20-0.90)	147±2.20 (139-153)	4.54±1.10 (3.60-5.20)	114±1.15 (103-121)	21.8±3.60 (14.6-29.4)	4.40±1.00 (2.70-5.70)	10.2±0.42 (9.30-11.7)	2.10±0.30 (1.50-2.80)
	0.21±0.10	150±17.0	1.08±0.15	110±12.5 (80-165)	13.9±3.20 (5.00-23.9)	0.42±0.10	146±1.90	4.42±0.20	111±1.20	22.2±2.91	3.70±0.50	9.40±0.50	2.20±0.28
猫	0.18±0.05 (0.10-1.89)	1.50±0.50 (0.40-2.60)	1.50±0.50 (0.70-3.00)	120±14.0 (60.0-145)	25.0±5.00 (14.0-32.5)	1.45±0.22 (0.00-1.85)	150±1.15 (147-156)	4.25±0.24 (4.00-6.00)	120±1.10 (110-123)	20.4±2.40 (14.5-27.4)	6.20±1.07 (4.50-8.10)	10.1±0.85 (8.10-13.3)	2.64±0.25 (2.00-3.00)
	0.15±0.04	1.40±0.45	1.40±0.45	114±15.0	27.5±4.50	1.30±0.20	152±1.20	5.30±0.31	112±1.00	21.8±2.80	6.40±1.17	11.2±0.92	2.54±0.21
绵羊	0.29±0.09 (00.00-0.10)	1.56±0.36 (0.40-2.21)	1.36±0.36 (0.20-2.21)	96.0±17.0 (55.0-131)	24.0±2.55 (15.0-36.0)	1.22±0.70 (0.00-1.90)	149±4.25 (140-164)	4.70±0.91 (4.40-6.70)	120±0.60 (115-121)	26.2±1.80 (19.6-31.1)	5.90±0.11 (5.00-13.7)	11.4±0.32 (10.4-14.0)	2.27±0.25 (1.80-2.40)
	0.15±0.05	2.20±0.40	2.20±0.40	80.3±18.0	28.0±4.10	1.15±0.72	155±3.56	5.40±0.62	116±0.74	27.1±2.20	4.40±0.21	12.2±0.28	2.50±0.30
山羊	0.05±0.01 (0.00-0.10)	1.36±0.46 (0.20-2.21)	1.36±0.46 (0.20-2.21)	83.5±15.0 (<3-100)	20.5±3.80 (13.0-44.0)	0.67±0.33 (0.20-1.10)	147±3.52 (141-157)	3.61±0.18 (2.45-4.11)	103±0.52 (98.0-111)	24.6±2.10 (19.6-31.1)	10.9±0.98 (5.00-13.7)	10.3±0.70 (8.80-12.2)	2.50±0.36 (1.80-3.95)
	0.05±0.01	1.15±0.42	1.15±0.42	72.0±16.5	17.4±4.50	0.60±0.30	149±4.10	2.95±0.24	106±0.46	26.1±2.20	7.87±1.42	10.7±0.62	3.20±0.35
鸡	0.10±0.02 (0.00-0.20)	1.38±0.27 (0.90-1.85)	1.38±0.27 (0.90-1.85)	162±15.1 (152-182)	1.95±0.75 (1.50-6.30)	5.28±1.20 (2.47-8.08)	153±2.35 (148-163)	5.06±0.38 (4.60-6.50)	119±1.38 (116-140)	23.0±2.1 (17.6-29.8)	7.05±0.80 (6.20-7.90)	14.4±5.20 (9.0-23.7)	2.58±0.27 (1.30-3.80)
	0.05±0.049	1.10±0.30	1.10±0.30	167±16.2	1.80±0.80	5.30±1.40	158±2.46	5.63±0.41	117±1.26	24.6±2.30	6.85±0.91	19.6±4.86	1.70±0.30

注：mg%为每100 mg血清中所含的mg数；mEg/L每1 L血清中所含的mg当量数。（引自卢宗藩的编家畜及实验动物生理生化参数）。

表8-9　实验动物蛋白正常指标值

动物种类	血沉1 h（mm）	血清蛋白量	白蛋白（%）	α蛋白（%）	β蛋白（%）	γ蛋白（%）	寿命（年）
小鼠		7.3（6.1-8.3）	48.0±3.97	18.5±7.5	19.0±7.5	14.5±10.8	1~2
大鼠	♂0.70 ♀1.8	6.3	41.03-57.65 40.2	a17.94-15.89 a25.82-12.26 a16.1a29.0	16.07-27.46 18.2	7.65-17.69 16.5	2~3
豚鼠	1.5	5.5（5.0-6.1）	54.5 55.3	22.8 a16.4a218.9	8.1 8.0	14.6 11.4	4~5
家兔	1-2	5.6（4.3-7.0）	66.8±7.9 62.5 59.0-62.8	6.7±2.3 10.7 a12.9-5.4 a26.3-7.6	9.6±3.2 14.8 14.1-19.1	16.8±6.8 12.0 10.2-11.7	5~6
狗	2.0	6.4（5.3-7.3）	43.0 51.1 49.3	16.3 11.3 12.0	25.4 17.7 22.3	15.3 19.9 16.4	15
猫	3.0	7.58	41.4	a118.1 a2 220.2 a34.7	8.7 5.2	12.5	10
绵羊	0.5	5.38	54.4				10-15
山羊	0.5	6.67	54.8				8-10

注：白蛋白、α蛋白、β蛋白、γ蛋白的测定方法有三种分别是Antweiler法、滤纸电泳和Tiselius法，所以有的数值是三组。

表8-10　实验动物重要脏器重量占体重的百分比　　　　　　　　　　　（%）

动物种类	平均体重	肝脏	脾脏	肾脏	心脏	肺	脑	甲状腺	肾上腺	下垂体	眼球	睾丸	胰脏
小鼠 ♂	20 g	5.18	0.38	0.88	0.5	0.74	1.42	0.01	0.016 8	0.007 4		0.598 0	0.34
大鼠	201~300 g	4.07	0.43	0.74	0.38	0.79	0.29	0.009 7	♂0.015 ♀0.023	0.002 5 0.004 1	0.12	0.87	0.39
豚鼠	361.5 g	4.48	0.15	0.86	0.37	0.67	0.92	0.016 1	0.051 2	0.002 6		0.5255	
家兔 ♂ ♀	2900 g 2975 g	2.09 2.52	0.31 0.30	0.25 0.25	0.27 0.29	0.60 0.43	0.39 0.35	0.031 0 0.020 2	0.011 0.008 9	0.001 7 0.001 0	0.210 0.171	0.174	0.106~ 0.171
狗	13 kg	2.94	0.54	0.30	0.85	0.94	0.59	0.02	0.01	0.000 7 0.000 8	0.10	0.2	0.2

(续表)

动物种类	平均体重	肝脏	脾脏	肾脏	心脏	肺	脑	甲状腺	肾上腺	下垂体	眼球	睾丸	胰脏
猫	3.3 kg	3.59	0.29	1.07	0.45	1.04	0.77	0.01	0.02		0.32		
山羊	28 kg	1.90		0.35			0.41				0.11		

表8-11 实验动物肠道长度值

动物种类	肠道长度				
	单位	全长	小肠	盲肠	大肠
狗	m	2.2~5.0	2.0~4.8	0.12~0.15	0.6~0.8
猫	m	1.2~1.7	0.9~1.2		0.3~0.45
兔	cm	98.2~101.8	60.1~61.7	10.8~11.4	27.3~28.7
豚鼠	cm	98.5~102.7	58.4~59.6	4.3~4.9	35.8~37.2
大白鼠	cm	99.4~100.8	80.5~81.1	2.7~2.9	16.2~16.8
小白鼠	cm	99.3~100.7	76.5~77.3	3.4~3.6	19.4~19.8
猪	m	18.2~25.0	15~21	0.2~0.4	3.0~3.5
绵羊	m	22.5~39.5	18.35	0.3	4~5
牛	m	37.8~60.0	27~49	0.8	10
鸡	cm	204~216	180	12~25	12

第三节 实验动物常规检查的指标和方法

一、动物外观和行为检查

观察安静状态下的动物有无以下异常表现或症状：精神萎靡不振、敏感性增高、运动失调、被毛粗乱、被毛如油污涂布、皮肤有无创伤、丘疹、水泡、溃疡、脱水皱缩，头部、颈部、背部有无肿块、四肢关节有无肿胀、尾部有无肿胀、溃疡、坏疽、无毛疲痕、鼻孔有无渗出物阻塞、喷嚏、呼吸困难、眼部有无渗出物、结膜炎、口部有无流涎、张口困难，排出粪便的含水量、颜色、排粪次数、粪便数量、粪便中有无未消化谷粒、黏液、血液、寄生虫虫体，排尿的次数、每次尿量及颜色等。

二、个体检查

通过触摸背部、臀部、腿部肌肉,判定动物的营养状况;仔细检查皮肤的弹性,有无缺毛瘢痕和外寄生虫;兔子要检查耳部有无耳螨;肛门皮肤及被毛有无被稀粪污染;眼部有无角膜炎、晶状体混浊、瞳孔形状变化和色素沉着等。用开口器具打开口腔,观察赫膜有无出血、糜烂、溃疡、假膜、炎症;轻轻压迫喉头与气管能否引起咳嗽;触诊腹腔有无疼痛反射,较大肿块。

三、采食和饮水观察

在大群实验动物中发现患病动物的最好时机就是投放饲料的瞬间,健康动物常踊跃抢食,而患病动物往往独立于一侧,厌食甚至拒食。饮水时健康动物一般适度喝水,但腹泻动物常饮水量大增;食欲与饮欲俱增应怀疑是否为糖尿病。发现拒食的动物立即剔除,作进一步的检查。

四、动物常规体征的检查方法

(一)体重的测量方法

动物体重借助称量仪器测量,方法较为简单。一般在早晨未进食前称重。

(二)体温的测定方法

动物体温测定是动物实验中最常用的检测指标之一,为防止测定过程中动物挣扎,以致挫伤肠壁或折断体温计,在测定前应先固定好动物。用涂上少许润滑剂的肛表,由肛门插入直肠一定深度,3 min后取出观察读数。不同成年动物的正常直肠体温见表8-12。

表8-12 不同成年动物的正常直肠体温

动物种类	体温变动范围(℃)	平均体温(0℃)	动物种类	体温变动范围(℃)	平均体温(0℃)
犬	38.5~39.5	39.0	大鼠	38.5~39.5	39.0
猫	38.0~39.5	38.7	小鼠	37.0~39.0	38.0
兔	38.5~39.5	39.0	鸡	41.6~41.8	41.7
鼠	37.8~39.5	38.6	猪	38.0~40.0	39.0

测定体温除了用肛表外,还可用半导体温度计。半导体温度计在测定时可立即从温度表上读取温度数。

测定温度时应注意如下几点:

（1）每次插入直肠的深度要一致，深度取决于动物的大小。为了使插入深度一致，可在温度计上部做一标记。

（2）每只动物要固定用同一支体温计。测小鼠体温最好用小鼠肛温计，因为小鼠的肛门口较小。

（3）每次测定时间要一致。一般体温计放入直肠内固定时间为3 min，而每天测定的时间也大致一样，如第1次在上午某时测定，以后均应在上午某时测定。

（4）注意外界温度对动物体温的影响。尤其冬天气温较低，体温计较冷，应放于温水中预热。

（5）每次检查肛表水银柱是否已甩下来，半导体温度计的指针是否指在零位。

（三）呼吸频率的测定方法

首先使动物处于相对安静状态，以肉眼观察并记录呼吸的次数，一般要求记录1 min的呼吸次数。呼吸频率和深度的变化可以呈现各种形式，有时频而表浅，或少而深，这些变化可标志出呼吸器官的功能状态。频而表浅的呼吸是肺通气量不足的症状，因此在实验前后必须注意检查动物的呼吸节律、频率、深度的变化。

（四）血压的测定与记录方法

1. 直接描记法

动物血压直接描记法是动物实验中最常用的方法，将套管直接插入动物动脉或静脉内，套管的另一端连接血压换能器，血压换能器与生理测量记录仪相连。动物动脉血压测定常采用颈总动脉或股动脉。分离出一侧颈总动脉后，用缝线将动脉离心端扎紧，用动脉夹在近心端夹住。在近扎线处下方，用眼科剪在向心端将动脉剪一小口。将预先充满抗凝剂的换能器插管从剪口向心方向插入颈总动脉，然后用预先备好的缝线连同套管及动脉一起扎牢，并固定于动物体上。松开动脉夹，动脉压力信号由换能器转换变为电信号后输入生理记录仪，描记出动脉血压曲线。动物静脉压的测定方法与动脉压测定大致相同。

2. 间接测压法

动物血压间接测压方法又称非出血性测压法。在慢性实验进行长期反复的血压观察时，多采用此种方法。大鼠一般多用鼠尾动脉测压，也可用下肢动脉测压。目前多采用压尾器、尾容积器和尾保暖器等测血压仪。兔腹主动脉测压法是将兔背卧固定在手术台上，然后把血压计的橡皮压力袋（特制细长形的）缠于兔的下腹部，松紧要适当。压力袋一端接打气球，另一端接血压计。其他方法与测人的血压相同。犬股动脉压测量方法基本同一般人体的血压测量，但血压计的压力袋规格不同。此时所用的压力袋是按犬大腿的圆锥形状制成的橡皮袋，皮袋宽6 cm，外弧长44 cm，内弧长38 cm。股动脉多用触诊法来测量（只测得收缩压，因为听诊时常不易听到声音）。这种方法精确度较差，数值常偏20~30 mmHg（2.67~4.00 kPa）。

第四节　实验动物的分组与编号

动物实验之前，必须对实验动物进行随机分组和编号标记，这是做好实验和实验记录的前提。

一、实验动物的分组

（一）分组的原则

动物分组应按随机分配的原则，使每只动物都有同等机会被分配到各个实验组与对照组中去，以避免各组之间的差别，影响实验结果，特别是进行准确的统计检验，必须在随机分组的基础上进行。

每组动物数量应按实验周期长短、实验类型、动物级别及统计学要求而定。如果是慢性实验或需要定期处死动物进行检验的实验，就要求选较多的动物，以补足动物自然死亡和人为处死所丧失的数量，确保实验结束时有合乎统计学要求的动物数量存在；动物级别越高，所需数量越少。

（二）建立对照组

分组时应建立对照组。

（1）自身对照组。实验动物自身在实验处理前、后两个阶段的各项相关数据可作为对照组和实验组的实验结果，此法可排除个体间差异。

（2）平行对照组。有阳性对照组和阴性对照组两种。阴性对照组不给任何处理。

（3）具体分组时，应避免人为因素。

例如：40只小鼠，随机分4组。可先把40只小鼠放入一个大鼠盒，准备4个小鼠盒，随机抓取一只放入第一小鼠盒，随机抓取另一只放入第二小鼠盒，依此类推，直到把40只小鼠分完，每组10只，然后根据需要对每组进行随机编号。

二、实验动物的编号标记

实验动物分组后，为了区分、观察并记录每个个体的反应情况，必须给每只动物进行编号标记。编号的方法很多，根据动物的种类数量和观察时间长短等因素来选择合适的标记方法。标记方法应该满足标号清晰、耐久、简便、易认、适用的原则。

（一）体表颜料着色法

一般对短期试验的白色动物可用颜料涂染被毛的方法标记。用化学药品涂染动物被毛法，是最常用的方法。用棉棒蘸取适量染液，逆着毛向涂抹，不同部位的斑点表示不同的号码编号的原则是：先左后右，先上后下。一般左前肢记为1号，左腹部为2号，左下肢为

3号，头顶部为4号，腰背部为5号，尾基部为6号，右前肢为7号，右腹部为8号，右下肢为9号。如动物数量多于10只时，可用两种不同颜色的染液，一种颜色定为个位色，另一种颜色定为十位色，交互使用可编号至99。适用于白色大小鼠、白色豚鼠和家兔。

常用的涂染化学药品有以下几类。

红色：0.5%中性红或品红溶液；

黄色：3%~5%苦味酸溶液或80%~90%苦味酸酒精饱和液；

咖啡色：2%硝酸银溶液；

黑色：煤焦油酒精溶液。

（二）挂牌法

将号码烙压在圆形或方形金属牌标上（最好用铝或不锈钢的，不生锈的可长期使用），或将号码按实验分组编号烙在栓动物颈部的皮带上，将此颈圈固定在动物颈部，该法适用于犬等大型动物。

（三）打号法

用耳号钳（又称刺数钳）将号码打在动物耳朵上。耳号钳标记法是用市场所售的专用耳号钳进行标记，其耳号钳有两种，一种是号码针加墨，另一种是用固定耳号牌。前者多用于兔、狗的编号，后者多用于兔、狗、猫、猪、羊等动物。使用时，在耳内侧无血管的部位用酒精或碘酒消毒，所编号码调整好加墨后，夹刺耳内侧。耳号牌用专用耳钳穿夹到耳上。

（四）针刺法

用七号或八号针头蘸取少量碳素墨水，在耳部、前后肢以及尾部等处刺入皮下，在受刺部位留下一黑色标记。该法适用于大鼠、小鼠、豚鼠等。在实验动物数量少的情况下，也可用于兔、犬等动物。

（五）剪毛法

该法适用于大、中型动物，如犬、兔等。方法是用剪毛剪在动物一侧或背部剪出号码，此法编号清楚可靠，但只适于短期观察。

（六）打孔或剪缺口法

用耳号钳在耳上打洞或用剪刀在耳边缘上剪缺口来表示一定的号码。以耳缘缺口为个位数，左耳前缘为1，左耳上缘为2，左耳下缘为3；右耳前缘为4，右耳上缘为5，右耳下缘为6。以耳上孔洞为十位数，左耳前缘为10，左上缘为20，左下缘为30；右耳依次为40、50、60。依据不同缺口和孔洞位置的组合，可编码1~99号。啮齿类动物和猪的编号常用此法。

第五节　实验动物麻醉方法

实验动物的麻醉就是用物理的或化学的方法，使动物全身或局部暂时痛觉消失或痛觉迟钝，以利于进行实验。在进行动物实验时，用清醒状态的动物当然更接近生理状态，但实验时各种强刺激（疼痛）持续地传入动物大脑，会引起大脑皮质的抑制，使其对皮质下中枢的调节作用减弱或消失，致使动物机体发生生理功能障碍影响实验结果，甚至因而导致休克或死亡；另一方面，许多实验动物性情凶暴，容易伤及操作者，需要实施麻醉。此外，从人道主义角度，麻醉也是动物保护所必须采取的措施。

一、常用的麻醉药

（一）常用全身麻醉剂

1. 乙醚

乙醚吸入法是最常用的麻醉方法，各种动物都可应用。其麻醉量和致死量相差较大，所以其安全度大。但由于乙醚局部刺激作用大，可刺激上呼吸道黏液分泌增加；通过神经反射还可扰乱呼吸、血压和心脏的活动，并且容易引起窒息，在麻醉过程中要注意。但总得来说乙醚麻醉的优点多，如麻醉深度易于掌握，比较安全，而且麻醉后恢复比较快。其缺点是需要专人负责管理麻醉，在麻醉初期出现强烈的兴奋现象，对呼吸道又有较强的刺激作用，因此，可在麻醉前给予一定量的吗啡和阿托品（基础麻醉），通常在麻醉前20~30 min，皮下注射盐酸或硫酸吗啡（5~10 mg/kg体重）及阿托品（0.1 mg/kg体重）。

在进行手术或使用过程中，需要继续给予吸入乙醚，以维持麻醉状态。慢性实验预备手术的过程中，仍用麻醉口罩给药；而在一般急性实验，麻醉后可以先进行气管切开术，通过气管套管连接麻醉瓶继续给药。在继续给药过程中，要时常检查角膜反射和观察瞳孔大小，如发现角膜反射消失，瞳孔突然放大，应立即停止麻醉。万一呼吸停止，必须立即进行人工呼吸。待恢复自动呼吸后再进行操作。

2. 苯巴比妥钠

此药作用持久，应用方便，在普通麻醉用量情况下对于动物呼吸、血压和其他功能无多大影响。通常在实验前0.5~1.0 h用药。使用剂量及方法为：犬腹腔注射80~100 mg/kg体重，静脉注射70~120 mg/kg体重（一般每千克体重给药70~80 mg即可麻醉，但有的动物要100~120 mg才能麻醉，具体用量可根据各个动物的敏感性而定）；兔腹腔注射150~200 mg/kg体重。

3. 戊巴比妥钠

此药麻醉时间较长，一次给药的有效时间可延续3~5 h，因而十分适合一般使用要求。给药后对动物循环和呼吸系统无显著抑制作用，药品价格也很便宜。用时配成1%~3%

生理盐水溶液，必要时可加温溶解，配好的药液在常温下放置1~2周不失效。静脉或腹腔注射后很快就进入麻醉期，使用方便。

4. 硫喷妥钠

硫喷妥钠为黄色粉末，有硫臭，易吸水。其水溶液不稳定，故必须现用现配，常用浓度为1%~5%。此药作静脉注射时，由于药液迅速进入脑组织，故诱导快，动物很快被麻醉，但苏醒也很快，一次给药的麻醉时效仅维持0.5~1.0 h。在时间较长的实验过程中，可重复注射，以维持一定的麻醉深度。此药对胃肠道无不良反应，但对呼吸有一定抑制作用。由于其抑制交感神经作用较副交感神经强，常有喉头痉挛，因此注射时速度必须缓慢。实验剂量和方法：犬静脉注射20~25 mg/kg体重，兔静脉注射7~10 mg/kg体重。静脉注射速度以15 s注射2 mL左右进行为宜。小鼠1%溶液腹腔注射0.1~0.3 mL/只，大鼠0.6~0.8 mL/只。

5. 氨基甲酸乙酯（乌拉坦）

此药是比较温和的麻醉药，安全度大。多数实验动物都可使用，更适合于小动物。一般用作基础麻醉，如使用全部过程都用此麻醉时，动物保温尤为重要。使用时常配成20%~25%水溶液，犬、兔静脉、腹腔注射0.75~1.00 g/kg体重。但在做静脉注射时必须溶在生理盐水中，配成5%或10%溶液，每千克体重注射10~20 mL；鼠1.5~2.0 g/kg体重，由腹腔注射。

6. 氯胺酮

为中效巴比妥类药物，常用其盐酸盐。静脉或肌肉给药后，很快起到麻醉作用，但维持时间短，一般为10~20 min。为了延长时间，可重复给药。其副作用是心率加快，血压升高，有时还可能引起动物呕吐等。

7. 水合氯醛

此药为无色透明棱柱状结晶，有穿透性的臭气及腐蚀性苦味。其溶解度较小，常配浓度为5%~10%。配制后的溶液易沉淀，用时先在水浴锅中适量加热，促其溶解。作用特点与巴比妥类药物相似，是一种安全有效的镇静催眠药，能起到全身麻醉作用，其麻醉量与中毒量很接近，故安全范围小，使用时应注意。其副作用为对皮肤和黏膜有较强的刺激作用。

8. 中药麻醉剂

动物实验时有时也用到像洋金花和氢溴酸东莨菪碱等中药麻醉剂，但由于其作用不够稳定，而且常需加佐剂麻醉效果才能理想，故在使用过程中不能得到普及，因而，多数实验室不选用这类麻醉剂进行麻醉。

以上麻醉药种类虽较多，但各种动物使用的种类多有所侧重。如做慢性实验的动物常用乙醚吸入麻醉（用吗啡和阿托品作基础麻醉）；急性动物实验对犬、猫和大鼠常用戊巴比妥钠麻醉；对家兔常用氨基甲酸乙酯麻醉；对大鼠和小鼠常用硫喷妥钠或氨基甲酸乙酯麻醉。常用麻醉药的用法与用量见表8-13。

表8-13 常用麻醉剂的用法及剂量

麻醉剂	动物	给药方法	剂量（mg/kg）	常用浓度（%）	维持时间、作用特点
戊巴比妥钠	犬、猫、兔	静脉	30~50	1~3	一次给药有效麻醉时间3~5 h，无副作用，过程中可加上1/5量，可维持1 h以上，麻醉力强，易抑制呼吸
		腹腔	40~45		
		皮下	40~45		
	大鼠、小鼠、豚鼠	腹腔	35~50		
		静脉			
苯巴比妥钠	犬、猫	腹腔静脉	80~100 70~100	1~3	作用持久，使用方便，通常在实验前0.5~1.0 h用药。有效时间可延续3-5 h
	兔	静脉	150~200		
硫喷妥钠	犬、猫、兔	静脉腹腔	20~25	2	麻醉快，苏醒也快，麻醉时间0.5~1.0 h，麻醉力强，宜缓慢注射
	大鼠	腹腔	40	1	
	小鼠	腹腔	50	1	
氯醛糖	犬、猫、兔	静脉腹腔	60~100	2	3~4 h，诱导期不明显，药物安全度高，对植物性神经中枢的机能无明显抑制作用
	大鼠	腹腔	50	2	
氨基甲酸乙酯（乌拉坦）	兔	静脉	750~1 000	20	2~4 h，应用广泛，大多数实验动物都可以使用，毒性小且安全。
	大（小）鼠	皮下或肌肉	800~1 000	20	
水合氯醛	小鼠	腹腔	400	10	维持时间1~2 h，安全范围小
	大鼠	腹腔	300		
	豚鼠	腹腔	200~300		
	猫	静脉	300		
	犬	静脉	125		

（二）常用局部麻醉剂

1. 普鲁卡因

普鲁卡因（procaine，又名奴佛卡因，novocain）的毒性小，见效快，是一种无刺激性的快速局部麻醉药。对皮肤和黏膜的穿透力较弱，必须注射给药才能产生局麻作用。

注射后1~3 min内产生麻醉，可维持30~45 min。它可使血管轻度舒张，容易被吸收入血而失去药效。为了延长其作用时间，常在溶液中加入少量肾上腺素（每100 mL加入0.1%肾上腺素0.2~0.5 mL）能使局麻醉时间延长至1~2 h。也可用0.25%~0.5%溶液做局部浸润麻醉。常用1%~2%盐酸普鲁卡因溶液阻断神经纤维传导，剂量应根据手术范围和麻醉深度而定，其副作用有：在大量药物被吸收后，表现出中枢神经系统先兴奋后抑制。此作用实践可用巴比妥类药物预防。

2. 地卡因

地卡因的化学结构与普鲁卡因相似，局麻作用比普鲁卡因强10倍，吸收后的毒性作用也相应加强，能穿透黏膜，作用迅速，1~3 min生效，可持续60~90 min。

3. 利多卡因

利多卡因的化学结构与普鲁卡因不同，常用于表面、浸润、传导麻醉和硬脊膜外腔麻醉。作用效力和穿透力均比普鲁卡因强2倍，作用时间也较长。阻断神经纤维传导及黏膜表面麻醉浓度为1%~2%。通常用0.5%~1.0%的浓度。

二、常用的麻醉方法

（一）全身麻醉

麻醉药经呼吸道吸入或静脉、肌肉注射，产生中枢神经系统抑制，呈现神志消失、全身不感觉疼痛、肌肉松弛和反射抑制等现象，这种方法称全身麻醉。其特点为抑制深浅与药物在血液内浓度有关。当麻醉药从体内排出或在体内代谢破坏后，动物逐渐清醒，不留后遗症。

1. 吸入麻醉法

麻醉药以蒸气或气体状态经呼吸道吸入而产生麻醉的，称为吸入麻醉，常用乙醚作麻醉药。吸入法对多数动物有良好的麻醉效果，其优点是易于调节麻醉的深度和较快地终止麻醉，缺点是中、小型动物较适用，对大型动物如犬的吸入麻醉操作复杂，通常不用。

2. 注射麻醉法

常用的麻醉药有戊巴比妥钠、硫喷妥钠、氨基甲酸乙酯等。大鼠、小鼠和豚鼠常采用腹腔注射法进行全身麻醉。犬、兔等动物既可腹腔注射给药，也可静脉注射给药。在麻醉兴奋期出现时。动物挣扎不安，为防止注射针滑脱，常用吸入麻醉法进行诱导，待动物安静后再进行腹腔或静脉注射给药麻醉。

（二）局部麻醉

用局部麻醉药阻滞周围神经末梢或神经干、神经节、神经丛的冲动传导。产生局部性的麻醉区，称为局部麻醉。其特点是动物保持清醒，对重要器官功能干扰轻微，麻醉并发症少，是一种比较安全的麻醉方法。适用于大中型动物各种短时间内的实验。

局部麻醉操作方法很多，可分为表面麻醉、局部浸润麻醉、区域阻滞麻醉、神经干（丛）阻滞麻醉。

1. 表面麻醉

利用局部麻醉药的组织穿透作用，透过黏膜，阻滞表面的神经末梢，称为表面麻醉。在口腔及鼻腔黏膜、眼结膜、尿道等部位手术时，常把麻醉药涂敷、滴入、喷于表面上，或尿道灌注给药，使之麻醉。

2. 区域阻滞麻醉

在手术区四周和底部注射麻醉药阻断疼痛向心传导，称为区域阻断麻醉。常用药为普鲁卡因。

3. 神经干（丛）阻滞麻醉

在神经干（丛）的周围注射麻醉药，阻滞其传导，使其所支配的区域无疼痛，称为神经干（丛）阻滞麻醉；常用药为1%~2%利多卡因。

4. 局部浸润麻醉

沿手术切口逐层注射麻醉药，靠药液的张力弥散，浸入组织，麻醉感觉神经末梢，称为局部浸润麻醉。常用药为普鲁卡因。在施行局部浸润麻醉时，先固定好动物，用0.5%~1.0%盐酸普鲁卡因皮内注射，使局部皮肤表面呈现一橘皮样隆起，称为皮丘，然后从皮丘进针，向皮下分层注射，在扩大浸润范围时，针尖应从已浸润过的部位刺入，直至要求麻醉区域的皮肤都浸润为止。每次注射时，必须先抽注射器，以免将麻醉药注入血管内引起中毒反应。

（三）使用全身麻醉剂的注意事项

给动物施行麻醉术时，一定要注意方法的可靠性，根据不同的动物、不同的实验要求选择合适的方法、合适的麻醉剂，特别是较贵重的大型动物。

（1）麻醉剂的用量，除参照一般标准外，还应考虑个体对药物的耐受性不同，而且体重与所需剂量的关系也并不是绝对成正比的。一般说，弱小和过胖的动物，其单位体重所需剂量较小。在使用麻醉剂过程中，随时检查动物的反应情况，尤其是采用静脉注射，绝不可将按体重计算出的用量匆忙进行注射。

（2）动物在麻醉期体温容易下降，要采取保温措施。

（3）静脉注射必须缓慢，同时观察肌肉紧张、角膜反射和对皮肤夹捏的反应，当这些活动明显减弱或消失时，应立即停止注射。配制的药液浓度要适中不可过高，以免麻醉过急；但也不能过低，以减少注入溶液的体积。

（4）做慢性实验时，在寒冷冬季，麻醉剂在注射前应加热至动物体温水平。

三、复苏与抢救

（一）针刺

针刺人中穴对抢救兔的效果较好。对犬用高频电脉冲刺激膈神经效果较好。

（二）注射强心剂

可以静脉注射0.1%肾上腺1 mL，必要时直接做心脏内注射。肾上腺素具有增强心肌收缩力，使心肌收缩幅度增大、增强心肌供血、供氧及改善心肌代谢等作用。当动物注射肾上腺素后，如心脏已搏动但极为无力时，可从静脉或心腔内注射1%氯化钙5 mL。钙离子可兴奋心肌紧张力，而使心肌收缩加强，血压上升。

（三）注射呼吸中枢兴奋药

可静脉注射山梗菜碱或尼可刹米。尼可刹米：每只动物一次可注射1 mL 25%的尼可刹米可直接兴奋延髓呼吸中枢，使呼吸加快加深；对血管运动中枢的兴奋作用较弱。在动物抑制情况下作用更明显。山梗菜碱：每只动物一次可注射1%山梗菜碱0.5 mL。此药可刺激颈动脉体的化学感受器，反射性地兴奋呼吸中枢；同时此药对呼吸中枢还有轻微的直接兴奋作用。作为呼吸兴奋药，它比其他药作用迅速而显著，呼吸可迅速加深加快，血压也同时升高。

（四）快速注射高渗葡萄糖液

常采用经动物股动脉逆血流加压，快速、冲击式地注入40%温葡萄糖溶液。注射量视动物而定，如犬可按2~3 mL/kg体重计算。这样可刺激动物血管内感受器反射性地引起血压、呼吸的改善。

（五）人工呼吸

可采用双手压迫动物胸廓进行人工呼吸。如有电动人工呼吸器，可行气管分离插管后，再连接人工呼吸器进行人工呼吸。一旦见到动物自主呼吸恢复，即可停止人工呼吸。

第六节 实验动物的术后护理和处死方法

一、实验动物的术后护理

（一）一般护理

动物的麻醉期尚未过时，要注意对动物进行保暖，术后护理观察室与手术室均要恒温，两室的温差不可超过3℃，一般以25~30℃为宜，切忌将动物置于低温下，因为动物实验后死亡的一个重要原因便是低体温休克。未苏醒动物应置于干燥而清洁的铺垫物上，如果剃去的被毛面积较大，则要将干燥且经过消毒的手术巾覆盖在其表面。要注意使动物头颈部位置摆正以保持其呼吸畅通，要及时对动物口腔的呕吐物和分泌物进行清除，以防误入气管。要经常定期观察记录动物的呼吸、脉搏、体温的变化，并做好护理记录。术后经常会发生与麻醉有关的呼吸抑制，若呼吸抑制明显，可使用呼吸兴奋剂。术后持续吸氧对多数动物是有益的。对于大动物还可进行适当的安慰性护理。

（二）疼痛处理

术后疼痛可引起实验动物嘶叫、饮食异常、行动异常、心率加快甚至循环衰竭等，因此在实验条件允许的情况下可使用如阿司匹林、对乙酰氨基酚等镇痛药物。

（三）创口处理

手术创口处理方式一般是将纱布或绷带固定在皮肤创口处，纱布或绷带的内面可涂抹软膏以防细菌感染。若有引流管套管或瘘管要定时清洁。一般术后7~8 d拆线，若有感染状况可提前清创、更换纱布和绷带并做详细记录，不会影响实验的情况下，必要时可采用抗生素治疗。

（四）饮食及输液

未完全清醒的术后动物不应给任何饮食，清醒后可以只喂水，然后给予食物。若进行消化道手术，术后要禁食3 d并补液。在动物恢复期内要饲喂高蛋白高能量饲料。术中出血较多、术后较虚弱的动物也必须给予补液。术后应对动物的摄水量进行记录，通过对术前和术后体重变化的检测可较好地指导其补液量，多数情况下体重下降代表体液缺乏。对于个体较小的动物（如大、小鼠的脱水），若静脉补液难以进行时，也可采用腹腔补液法。

（五）并发症的预防和处理

按照国家标准严格控制动物饲养观察室的环境条件，加强消毒防疫。要对实验动物术后是否有并发症的异常行为仔细观察并进行记录。普通级以上动物的实验，原则上不允许使用其他药物以免影响实验结果的观测。非屏障系统的实验动物术后要进行卫生防疫的加强，尽量不使用抗生素等药物进行预防感染或治疗，如果使用了药物应详细记录。普通级以上动物在实验后若出现发热、腹泻呕吐或死亡等非正常状况时，应立即对其进行检查诊断，找出原因并按规定处理病死动物，彻底、消毒环境后，再重新进行该项实验。

（六）特殊处理

实验需根据研究设计方案的要求在术后进行一次特殊处理。例如器官移植实验，受体动物术后要使用必要的免疫抑制剂。又如在膀胱结石生成实验的研究中，为使动物膀胱的异物上有草酸结石形成，需在动物的术后饮水中加入1%乙二醇。

二、动物的安乐死方法

实验动物的安乐死法是用来处死动物的一种手段，这是从人道主义动物保护角度，在不影响实验结果的同时，尽快让动物无痛苦死亡的方法。

实验动物安乐死常用的方法有：颈椎脱臼法、空气栓塞法、放血法、药物法等。选择哪种安乐死方法，要根据动物的品种（系）、实验目的、对脏器和组织细胞各阶段生理生化反应有无影响来确定。一般遵循以下原则：一是尽量减少动物的痛苦，避免动物产生惊恐、挣扎、吼叫。二是注意实验人员安全,特别是在使用挥发性麻醉剂（乙醚、安氟醚、三氟乙烷）时,一定要远离火源。三是方法容易操作。四是不能影响动物实验的结果,尽可能地缩短致死时间,即安乐死开始到动物意识消失的时间。五是判定动物是否被安乐死,不仅要看呼吸是否停止,而且要看神经反射、肌肉松弛等状况。

（一）颈椎脱臼法

颈椎脱臼法最常用于小鼠、大鼠,也用于豚鼠。

首先将小鼠放在饲养盒盖上,一只手抓住鼠尾,稍用力向后拉,另一只手的拇指和食指迅速用力往下按住其头部,或用手术剪刀或镊子快速压住小鼠的颈部,两只手同时用力,使之颈椎脱臼,从而造成脊髓与脑髓断离,小鼠就会立即死亡。大鼠颈椎脱臼的方法,基本上与小鼠的方法相同,但是需要较大的力,并且要抓住大鼠尾的根部（尾中部以下皮肤易拉脱,不好用力）,最好旋转用力拉。

（二）空气栓塞法

空气栓塞法主要用于较大动物的安乐死,如兔、猫、犬等。操作时用注射器将空气急速注入静脉或心脏。一般兔、猫需要注入空气10~20 mL,犬需要注射70~150 mL。

（三）放血法

所谓放血法就是一次性放出动物大量的血液,致使动物死亡的方法。由于采取此法,动物十分安静,痛苦少,同时对脏器无损伤,对活杀采集病理切片也很有利。因此,放血法是安乐死时常选用的方法之一。放血法常用于小鼠、大鼠、豚鼠、兔、猫、犬等,小鼠、大鼠可采用摘眼球大量放血致死。豚鼠、兔、猫可一次采取大量心脏血液致死;犬可采取颈动脉、股动脉放血。

（四）CO_2法

将装动物的笼盒放入透明窒息器内,把窒息器盖严、封好,并且将输送CO_2用的胶管末端连接好窒息器。窒息器内充满CO_2气体后,动物很快就会被麻醉而倒下,继续充气15 s,然后关闭输送CO_2的阀门,放置一段时间后确定动物是否死亡。此法适用于大量的小型动物。

（五）药物注射法

将药物通过注射的方式注入动物体内,使动物致死。药物注射法常用于较大的动物,如豚鼠、兔、猫、犬等。药物注射常用的药物有氯化钾、巴比妥类麻醉剂、滴滴涕等。

（1）氯化钾多用于兔、犬,采取静脉注射的方式,使动物心肌失去收缩能力,心脏急性扩张,致心脏弛缓性停跳而死亡。每只成年兔由耳缘静脉注入10%氯化钾溶液5~10 mL,每条成年犬由前肢或后肢下静脉注入10%氯化钾溶液20~30 mL,即可致死。

（2）巴比妥类麻醉剂多用于兔、豚鼠,一般使用苯妥英钠,也可使用硫喷妥钠、戊巴比妥钠等麻醉剂。用药量为深麻醉剂量的25倍左右。豚鼠常用静脉和心脏内给药,也可腹腔内给药，一般90 mg/kg体重的剂量，一般15 min之内死亡。

（3）滴滴涕（DDT）多用于豚鼠、兔、犬。豚鼠皮下注射0.9 g/kg体重。兔皮下注射0.25 g/kg体重，静脉注射43 mg/kg体重。犬静脉注射67 mg/kg体重。

（六）液氮法和微波法

对于新生的动物和体重小于20 g的动物，可以把它们浸入液氮中迅速冷冻来实施安乐死。另一种方法是对动物的中枢神经系统进行微波照射，使动物立刻死亡，动物的组织器官生化特性不发生改变。如果使用微波，必须有相应的设备。

第七节　实验动物脏器标本采集与检查

一、实验动物脏器标本采集

实验动物脏器标本采集的基本原则：实验动物固定取仰卧位，通常不剥皮。一般先沿腹壁正中线切开剑状软骨至肛门之间的腹壁，再沿左右最后一截肋骨和腹侧壁至脊柱全部切开。这样腹腔脏器全部暴露，肉眼观察腹腔液的量和性状；腹膜是否光滑，有无充血、瘀血、出血、破裂、脓肿、粘连、肿瘤和寄生虫；腹腔内器官的位置是否正常，肠管有无变位、破裂，膈的紧张程度及有无破裂，大网膜脂肪的含量等。标本采集顺序为先腹腔后胸腔，再脑、脊髓、骨髓、皮肤肌肉等。

实验动物脏器标本采集基本要求：通常采集选择正常与病变交界处组织，即包括病变本身及病变周围组织；实验组与对照组动物相同脏器取材时，选材部位应尽量一致，各试验组选取标本位置也应一致；所选组织应包括脏器全部层次结构或重要结构，如肾应包括皮质、髓质和肾盂；体积大和分叶的器官，应视不同组织选取多个部位，小器官可整体取材并固定，如淋巴结、扁桃体、甲状腺等；胃肠标本应将内容物冲洗掉，以免内容物影响组织的固定，产生自溶；所取材料应保持肉眼标本的完整性，不宜过厚或过薄，一般厚3~5 mm，大小为1.5~2.0 cm^2；切取组织时不要挤压，使用锋利刀具，少用剪刀，勿选用被器械钳压过的部位；标本取材要熟练，尽可能快地完成整个过程，特别是易自溶的组织，如肠道、脑、腺体等；剖检记录应客观、详细，用形象描述而不能用诊断的病名来代替；同一实验中的对照组和实验组动物应交叉剖检，严格统一各种条件和操作，尽量避免各种可能的干扰因素；所有采集到脏器标本用10%的福尔马林溶液固定。

（一）腹腔及盆骨腔脏器采集

由胸膈处切断食管，由骨盆腔切断直肠，将胃、肠、肝脏、胰脏、脾脏一起取出，分别检查采集，也可按肝脏、脾脏、胰脏、胃、肠、肾脏、膀胱、生殖器官的次序分别取出。

1. 脾脏采集

腹腔剖开后，在左侧很容易见到脾脏，一手用镊子将脾脏提起，一手持剪刀剪断韧带，取出脾脏。

2. 胰脏采集

胰脏靠近胃大弯和十二指肠，在胰脏的周围有很多脂肪组织。因为胰脏同脂肪组织相似，不易区别，因此可将胰脏连同周围的脂肪组织一同取出，浸入10%甲醛溶液（福尔马林）中，数秒钟后胰脏变硬成灰白色，脂肪不变色，很容易区分。

3. 胃肠采集

在食管与贲门部做双重结扎，中间剪断，首先用镊子提起胃贲门部，切断靠近贲门的食管，一边牵拉，一边切断周围韧带，使胃同周围组织分离，然后按照十二指肠、空肠、回肠、盲肠、结肠的顺序，切断这些肠管的肠系膜根部，将胃、肠从腹腔内一起取出，动作要轻，以免拉断肠管。

4. 肾上腺采集

在肾脏上方可见被脂肪组织包围的肾上腺，用镊子剥离肾上腺周围的脂肪，然后将肾上腺取出。

5. 肾脏采集

用镊子剥离肾脏周围的脂肪，然后将肾脏取出。

6. 肝脏取出

用镊子夹住门静脉的根部，切断血管和韧带，然后将肝脏取出，操作时应小心，因为肝脏容易损伤。

7. 膀胱与生殖器官采集

取出膀胱时，不要损伤膀胱，以免尿液外溢。取出子宫、卵巢时也应小心，因为子宫、卵巢易损伤。

（二）胸腔脏器采集

用镊子夹住胸骨剑突，剪断横膈膜与胸骨的连接，然后提起胸骨，在靠近胸椎基部的地方剪断左右胸壁的肋骨，将整个胸壁取下。打开胸腔后注意检查胸腔液的数量和形状，胸膜的色泽，有无出血、充血或粘连等。如果动物生前患纤维素性胸膜炎，在胸膜表面常附有淡黄色的疏松薄膜，该膜容易剥落，剥落后可见有小的出血斑点，这些纤维素性渗出物发生变化后，胸膜就会有绒毛样增生。检查心包时，注意检查心包的光泽度及心包内的液体数量、色泽、性质、透明度。检查肺脏时，注意检查肺脏的色泽、性质、弹性、有无出血斑点及病灶。

1. 胸腺采集

采集胸部器官时，首先要取出胸腺，然后取出心脏和肺脏。胸腺容易破坏，要特别小心。不同动物胸腺所在位置不尽相同，但几乎所有动物的胸腔内均匀有部分或全部胸腺组织。

2. 心脏采集

在心包左侧中央作"十"字形切口，用镊子夹住心间，提起心脏。可沿心脏的左纵沟切开左右心室，检查血液及其性状，然后用镊子轻轻牵引，切断心基部的血管，取出心脏。

3. 肺脏采集

用镊子夹住器官向上提起，剪断肺脏与胸膜的连接韧带，将肺脏取出。

（三）口腔及颈部脏器采集

剥去下颌部和颈部皮肤，颈部气管、食管及腺体便明显可见。用刀切断两下颌支内侧和舌连接的肌肉，再用镊子夹住，拉出。将咽、喉、气管、食管及周围组织切离，直至胸腔入口处一并取出。甲状腺位于气管喉结部左右两侧。大鼠、小鼠等小动物的甲状腺极小，宜直接连同气管剪取。

（四）颅腔脏器采集

沿环枕关节横断颈部，使头颅分离。再去掉头盖骨，用镊子提起脑膜，用剪刀剪开，检查颅腔液体数量、颜色、透明度等情况。用镊子剥离脑组织与周围的链接，然后将脑从颅腔内取出，随后用弯镊小心揭去垂体窝的膜，取出脑垂体。

二、实验动物脏器标本的检查方法

采集的脏器标本，用肉眼观察病理变化，并做详细的记录，判断分析检查的结果。

（一）腹腔脏器检查

1. 胃的检查

检查胃的大小、胃浆膜面的色泽，有无粘连和胃壁有无破裂和穿孔。生前胃破裂的特点是裂缘肿胀，附有暗红色血液凝块，腹腔内有较多胃内容物；死后胃破裂的特点是裂缘不肿胀无血液凝块附着，从裂口可见有较多胃内容物。然后用肠剪由贲门沿大弯剪至幽门，检查胃内容物的量、性质（如含水量、色泽、成分、有哪些饲料、有无引起中毒的物质等）、气味、寄生虫等，最后检查胃黏膜的色泽、有无水肿、充血、出血、炎症、溃疡、肥厚等病变。

2. 小肠和大肠的检查

从十二指肠、空肠、回肠、盲肠、结肠、直肠的顺序分段进行检查。先检查肠管浆膜的色泽。有无粘连、肿瘤、寄生虫结节，同时检查淋巴结性状等，然后由十二指肠开始，沿肠系膜附着部向后剪开肠管，各部肠管剪开时，要沿剪开边检查肠内容物的量、性状、气体、有无血液、异物、寄生虫等。去掉肠内容物后，检查肠黏膜的性状，看不清时，可用水轻轻冲洗后检查，注意黏膜的色泽、厚度、有无肿胀、充血、出血、寄生虫和淋巴组织的性状及有无炎症等其他病变。

3. 脾脏检查

脾脏摘除后，先检查脾门部血管和淋巴结，测量脾脏的长、宽、厚度，称其重量，观其大小、形态、色泽、硬度、边缘的厚度以及脾淋巴结的性状（肥厚、破裂等）和色泽，用手触摸脾的质地（坚硬、柔软、脆弱），最后做切面检查。从脾头切至脾尾，做一两个纵切，切面要平整，检查脾髓的色泽，滤泡和脾小梁的状态，有无结节、坏死、梗死和脓肿等。以刀背刮切面，检查血量的多少，即脾髓的质地，败血症时的脾脏常显著肿大，包膜紧张，质地柔软，暗红色，切面突出，结构模糊，往往流出大量煤焦油样血液。脾稍肿大变软，切面有暗红色血液流出。增生性脾炎时，脾稍肿大，质地较实，滤泡常显著增生，其轮廓明显。萎缩的脾脏，包膜肥厚皱缩，脾小梁纹理粗大而明显。

4. 肝脏检查

先检查肝门部的动脉、静脉。胆管和淋巴结，然后检查肝脏的形态、大小、色泽、被膜的性状、边缘的厚薄、实质的硬度，有无出血、结节、坏死等，以及肝淋巴结、血管、肝管等的性状。然后切开肝组织，检查切面的含血量、质地、色泽。注意切面是否有隆突，肝小叶的景象是否清晰，有脓肿、寄生虫结节和肝坏死等变化。

5. 胆囊检查

先检查胆囊形态、大小、色泽。然后将胆囊从肝脏小心剥离，剪开胆囊外膜，胆汁流出，观察胆汁性状，有无泥沙样或颗粒样物质。

6. 胰脏检查

先检查胰脏的色泽和硬度，然后做切面，检查有无出血和寄生虫。

7. 肾脏检查

检查肾脏的形态、色泽、大小、硬度以及被膜的状态，是否易剥离，是否光滑透明，有无瘢痕、出血等变化。被膜剥离后，检查肾表面的色泽，有无出血、瘢痕、梗死等病变。然后由肾的外侧面向肾门部将肾脏纵切为相等的两半、检查切面皮质和髓质的厚度、色泽、交界部血管状态和组织结构、纹理，有无瘀血、出血、化脓和梗死。切面是否有突出。还要检查肾盂、输尿管、肾淋巴结的性状，有无肿瘤及寄生虫等。特别注意检查肾盂的容积，有无尿积、结石等以及黏膜的性状。

8. 肾上腺检查

先检查其外形、大小、色泽和硬度，再作纵切或横切，检查皮质、髓质的色泽及有无出血。

（二）胸腔脏器检查

1. 胸膜腔检查

观察有无液体、液体数量、透明度、色泽、性质、黏稠度和气味。另外注意浆膜是否光滑，有无纤维素附着及粘连等现象。

2. 肺脏检查

检查肺脏的大小、色泽、重量、质地、弹性、有无出血、病灶及表面附着物和炎性渗出物等。然后检查有无硬块、结节和气肿，随后用剪刀剪开气管和支气管，检查支气管黏膜的色泽、有无出血和渗出物、表面附着物的数量。私稠度等。最后将整个肺脏纵横切割数刀，检查左右肺叶横切面有无病变，切面流出物的数量及色泽变化，有无炎性病变和寄生虫结节等。

3. 心脏检查

先检查心脏纵沟、冠状沟的脂肪量和性状，有无出血。然后检查心脏的外形、大小、心肌色泽、心外膜有无出血和炎性渗出物与寄生虫等。最后切开心脏检查心腔，切开心脏的方法：沿左纵沟基侧的切口切至肺动脉起始部，沿左纵沟右侧的切口切至主动脉起始部，然后将心脏翻转过来，沿右纵沟左右两侧平行切口，切至心尖部与左侧心切口相连接，切口再通过房室口切至左心房及右心房，经过上述切线，心脏全部剖开。检查心脏时，注意检查心腔内血液的含量及性状，心内膜的色泽、光滑度、有无出血，各个瓣膜、腱索是否肥厚，有无血栓形成和组织增生或缺损等病变。

对心肌的检查，注意各部心肌的厚度、色泽、硬度、有无出血、瘢痕、变性和坏死等。

（三）口腔、鼻腔及颈部器官的检查

1. 口腔检查

检查牙齿的变化，口腔黏膜的色泽，有无外伤、溃疡和烂斑，黏膜有无出血、外伤以及舌苔的情况。

2. 咽喉检查

检查黏膜色泽，淋巴结的性状及喉囊有无蓄脓。

3. 鼻腔检查

检查鼻黏膜的色泽，有无出血、炎性水肿、结节、糜烂、溃疡、穿孔及瘢痕等。

4. 下颌及颈淋巴结检查

检查下颌及颈部淋巴结的大小、硬度、有无出血和化脓等。

（四）脑组织检查

打开颅腔后，检查硬脑膜和软脑膜有无充血、瘀血、出血及有无寄生虫。切开大脑，检查脉络丛的性状及脑室有无积水，然后横切脑组织，检查有无出血及坏死等。

（五）骨盆腔脏器检查

1. 膀胱检查

检查膀胱的大小、尿量、色泽，以及黏膜有无出血、炎症和结石等。

2. 生殖器官检查

睾丸和附睾，检查其外形、大小、质地和色泽，观察切面有无出血、充血、瘢痕、结节、化脓和坏死等。卵巢和输卵管检查，先注意卵巢外形、大小、卵黄和数量、色泽、有无充血、出血、坏死等病变。观察输卵管浆膜面有无粘连，有无膨大、狭窄、囊肿；然后剪开输卵管，注意腔内有无异物或黏液、水肿液，黏膜有无肿胀出血等病变。检查阴道和

子宫时，除观察子宫大小及外部病变外，还要依次剪开阴道、子宫颈、子宫体，直至左右两侧子宫角，检查内容物的性状、黏膜的病变以及子宫内膜的色泽，有无充血、出血及炎症等。

三、脏器称重

内脏重量和体重之比（某个脏器湿重与单位体重的比值，常以每100 g体重计）称为脏器指数。脏器指数常能反映实验动物总的营养状态和内脏的病变情况，不同龄期动物的脏器指数有一定的规律，如接触外来物质使某个脏器受到损害，脏器指数将发生变化，该指标有经济、有效、灵敏的特点。近年来有专家提出脑体比相对于脏体比更能客观反映脏器重量的变化，即计算某个脏器湿重与其自身脑湿重的比值。该指标测定时应注意：动物解剖前应禁食12 h左右（不禁水），一方面解剖前常取血测生化指标需要禁食，另一方面禁食后动物体重不受食物的影响；各组动物处死方法要一致，剖杀时各组要交叉进行；解剖后脏器要迅速称重，以免水分蒸发造成差异，特别是对肾上腺等小器官称重时更应注意；脏器称重前应将周围结缔组织除尽，并用滤纸吸去脏器表面的血液及体液，对贮液器官也应除尽腔内液体。

四、动物实验废弃物的无害化处理

动物实验过程中所产生的固体、液体和气体废弃物，有些涉及生物安全，都要妥善处理，防止影响环保甚至危害工作人员的健康。废弃物在理化方面应满足环保品质要求，在生物安全方面应防止有害生物体在灭活之前移出实验室。除生活垃圾外均应使用醒目标志提醒可能的生物危险，并按有关规定进行无害化处理。

第九章 实验动物的生物安全

第一节 生物安全的概念

2020年10月17日，《中华人民共和国生物安全法》颁布，规定自2021年4月15日起施行。这是中国第一部关于生物安全的法律。生物安全法是贯彻总体国家安全观，维护国家生物安全领域的基础性、综合性、系统性、统领性法律。生物安全是国家安全的重要组成部分，生物安全覆盖范围广，涉及公共卫生安全、农业生物安全、生物资源安全，资源环境安全等多领域，与每个人密切相关。

中国制定生物安全法的目的：为了维护国家安全，防范和应对生物安全风险，保障人民生命健康，保护生物资源和生态环境，促进生物技术健康发展，推动构建人类命运共同体，实现人与自然和谐共生。

实验动物的生物安全是国家安全的重要组成部分，在《中华人民共和国生物安全法》第四十七条规定，"病原微生物实验室应当采取措施，加强对实验动物的管理，防止实验动物逃逸，对使用后的实验动物按照国家规定进行无害化处理，实现实验动物可追溯。禁止将使用后的实验动物流入市场。"说明国家将实验动物的生物安全提到了十分重要的位置，任何单位和个人不得危害国家生物安全。

一、生物安全

所谓生物安全，是指国家有效防范和应对危险生物因子及相关因素威胁，生物技术能够稳定健康发展，人民生命健康和生态系统相对处于没有危险和不受威胁的状态，生物领域具备维护国家安全和持续发展的能力。内容包括：①防控重大新发突发传染病、动植物疫情；②生物技术研究、开发与应用；③病原微生物实验室生物安全管理；④人类遗传资源与生物资源安全管理；⑤防范外来物种入侵与保护生物多样性；⑥应对微生物耐药；⑦防范生物恐怖袭击与防御生物武器威胁；⑧其他与生物安全相关的活动。

二、生物因子

生物因子是指动物、植物、微生物、生物毒素及其他生物活性物质。

三、病原微生物

病原微生物是指可以侵犯人、动物引起感染甚至传染病的微生物，包括病毒、细菌、真菌、立克次体、寄生虫等。

四、实验室生物安全

实验室生物安全是指当操作具有潜在感染力的微生物时，为防止实验室人员的感染和感染因子向实验室外扩散，采取恰当的实验室操作和实验程序，使用一定的实验室安全装备，对实验室的设施及结构提出特定要求，并将上述诸因素综合起来进行应用的过程。

五、气溶胶

气溶胶是指悬浮于气体介质中的、粒径一般为 0.001~100 μm 的固态或液态微小粒子形成的相对稳定的分散体系。

六、动物性气溶胶

动物实验室是一种特殊的人工控制的独特工作环境系统，动物实验期间动物呼吸、排泄、抓咬、玩耍、逃逸、更换垫料、饲料、排泄物处理、尸体剖检、血液或组织样品采集、离心、超声破碎、震荡、均匀、转移、倾倒上清液等过程中，均可产生大量的生物危害性极大的动物性气溶胶。

七、危险废弃物

危险废弃物是指有潜在生物危险，可燃、易燃，有腐蚀性、毒性、放射性，对人类及环境起破坏作用的一切有害废弃物。

八、人畜共患病

人畜共患病是指"在脊椎动物与人类之间自然传播感染的疫病"。是由共同病原体（病毒性、细菌性和寄生虫性等）引起的、在流行病学上又相互关联的、对人类和动物同时造成严重危害的一类疫病。人畜共患病分为动物源性、人源性和互源性人畜共患病类型。

九、个人防护装备

个人防护装备是指用于防止人员受到化学和生物等有害因子的器材和用品。

十、动物实验室感染

动物实验过程中，工作人员通过黏膜接触、吸入、食入、意外创伤、接触感染动物、处理传染物等多种途径感染病原微生物，引发严重的实验室感染性疾病。因此，感染性疾病动物实验应根据所研究病原微生物的危险度等级在相应级别的生物安全防护动物实验室内进行，尤其是新冠病毒（COVID-19）、SARS、禽流感、手足口病、结核病、艾滋病、甲型HN1流感、乙型肝炎等重大感染性疾病动物实验，宜在ABSL-3或ABSL-4安全实验室内进行。动物实验本身具有特殊性，动物实验室内生物危害的形成和出现具有复杂性和严重性。值得注意的是，级别越低动物群往往会自然流行某些传染病，并且能够通过各种途径传播给人，在正常动物饲养管理中，也应设置一定的安全防护，特别是个人防护不可放松。

十一、生物安全防护

动物实验中的安全防护主要是指在实验过程中对实验人员造成的危害和对公共环境造成的污染等各种不安全因素进行的防护，这些不安全因素主要来自化学、物理和生物等方面。动物实验一定要根据实验的性质选择实验设施，设施内设备和防护装置应该完善，且实验人员应严格遵守各项规章制度和操作规程。

动物实验中的安全防护包括防火、防毒、防爆、防触电、防辐射、防外伤等，还包括防动物咬伤、防动物传染以及防止来自动物的气溶胶吸入感染等。

第二节　实验动物传染病危害

一、实验动物传染病与人类健康

在实验动物的体表、体内以及饲养环境中存在着种类繁多的微生物和寄生虫。这些微生物和寄生虫对实验动物可以是致病性的、条件致病性的和非致病性的，有些可能是人畜共患病的病原体。

实验动物作为人工饲养繁育并应用的动物，与人的接触最为密切，因此实验动物的人畜共患病对人的危害较大，有些动物实验的开展可导致严重的公共卫生安全问题。

由于目前中国实验动物总体质量不高，在动物实验中还经常发生使用不合格的实验动物的现象。例如：2010年12月19日XX农业大学应用技术学院0801班的学生进行"羊活体解剖学实验"，上午解剖，下午观察羊的内脏。用来做试验的羊是染病动物，被几个班级的学生重复使用。2011年1月时，有些同学已连续高烧很多天。到2011年3月，共5个班级28人确诊感染布鲁氏菌病，其中包括27名学生、1名老师，感染者被送到医院接受了治疗。这是使用不合格的实验动物，造成的严重的安全事故。

在中国的普通级实验动物通常饲养在较为开放的饲养环境中，经常可能有携带病原体的各种媒介昆虫及野鼠进入。导致把各种病原体传染（感染）实验动物。例如：淋巴细胞性脉络丛脑膜炎、肾综合征出血热、钩端螺旋体病、旋毛虫、弓形虫病等。另外，还有一些疾病如恙虫病、鼠疫、伤寒等传染病则有由各种媒介昆虫传播，这些疾病都可传染给实验动物，再通过实验动物传染给人。

在很多实验中使用的灵长类动物大多是野生的或经短期人工繁殖驯化的，其遗传背景、体内微生物携带状况不甚明确，而且灵长类动物携带人畜共患病病原体的种类较多，对人类的威胁也最大。如1976年，联邦德国某生物研究所将从乌干达引进的绿猴在肾细胞进行体外培养时，31名实验者发生不明原因的发热疾病，后从患者血液中分离出马尔堡病毒。还有B病毒在猕猴属Macaca猴类神经细胞中潜伏，在寒冷、运输或实验等刺激条件时口腔黏膜出现病变，病毒混进唾液里，当人受到咬伤时就会遭受感染而产生髓膜炎、脑炎甚至死亡。B病毒在中国云南猴中的带毒率达到60%。另外，还有灵长类动物感染埃博拉病毒、结核杆菌等人畜共患病原体，对人的威胁也相当大，其公共卫生学意义更加重要。

在国外使用实验动物发生感染的先例不少。Features曾报道，由于接触实验地鼠，15位实验者感染流感样淋巴细胞脉络丛脑膜炎，病人表现腮腺炎、脑膜炎和单侧睾丸炎的症状。联邦德国曾在参与生物研究的工作人员中发生淋巴细胞脉络丛脑膜炎的小范围流行；1973年美国一名实验者在使用地鼠研究癌症实验中感染淋巴细胞性脉络丛脑膜炎。1970—1984年，日本22所医学教育单位的126名实验人员因与实验鼠接触而感染肾综合征出血热，1人死亡。另外，其他常见的人畜共患病如狂犬病（犬、猫、鼠等）、Q热（牛、羊等）、棘球绦虫（犬）等在普通级实验动物中的带菌（毒）（虫）率也很高。

二、实验动物传染病的危害

（1）隐性感染常导致生理生化指标的改变，使动物实验结果出现误差，或得出错误的结论。

（2）致病性微生物和寄生虫感染导致传染病，大批动物死亡，给动物生产和动物实验的正常进行造成严重影响。

（3）人畜共患病的发生与流行，对饲养管理人员和动物实验人员的健康构成威胁。

（4）病原微生物还可造成细胞培养物、肿瘤移植物或以动物组织和细胞为生产原料的生物制品的污染，不仅干扰实验，而且还可将病原扩散，以至危害人类的健康。

第三节　实验动物从业人员的职业安全及个人防护

在生命科学研究中，动物实验作为重要研究手段被广泛使用。但是，实验动物在生产、使用过程中，存在感染、繁殖病原体的可能，也存在向环境扩散的危险，造成周围人及动物感染发病，即生物危害（Biohazard），产生生物安全问题。实验动物生物安全就是对实验动物可能产生的潜在风险或现实危害的防范和控制。

从事实验动物及动物实验工作的人员可能遇到的主要危害：一是动物室内的过敏原；二是物理性或化学性损害，三是动物实验时相关的危害；四是人畜共患病。因此，制定防护生物危害的生物安全措施，加强实验动物从业人员的职业健康教育，从而保护从业人员的健康显得尤其重要。

一、动物室内的过敏原及其防护

（一）动物室内过敏原造成的危害

近年来从接触实验动物的人员收集到的流行病学资料证实，人们因接触实验动物而发生的变态反应已成为非常突出的问题。在英国实验动物饲养者的气喘病已成为职业病。1985年，日本学者山内忠平在他的著作《实验动物的环境与管理》一书中，列出美、日、英等国有关实验动物变态反应发生率的资料，指出由于小鼠、大鼠、豚鼠、家兔、犬等动物的毛、皮屑、血清、尿液等对某些敏感的人具有抗原性，通过呼吸道、皮肤、眼、鼻黏膜或消化道等途径引起人的严重变态反应，出现不适感，甚至发生过敏性鼻炎、支气管哮喘、皮肤炎等，并可造成反复发作，应引起实验动物从业人员足够的重视。

（二）对过敏原的防护设施

1. 硬件设施

保证环境设施符合国家标准，特别是动物房内的换气次数应保持在相应级别的要求，温湿度维持在适当水平，提倡使用IVC加强防范。产生高浓度气溶胶的工作，应在1、2级生物用或者感染动物用安全操作超净台内进行。

2. 日常工作

实验动物饲养人员及动物实验人员应充分了解动物房内过敏原的情况，充分做好个人防护，尽可能减少在过敏原中的暴露。具体做法：进入动物室内应穿长袖工作服或防护衣，戴口罩、手套；勤洗手，离开工作区时洗脸及颈部；在工作过程中尽可能避免碰触脸、抓痒等；保持动物房及笼器具的清洁等。

3. 过敏状况评估

定期对实验动物工作人员进行身体过敏状况的评估。并培养从业人员现场急救的知识，最大限度地保障工作人员的健康和安全。

二、物理性、化学性危害及其防护

（一）物理性危害

1. 动物咬伤、抓伤、踢伤

在动物实验及饲养管理过程中，操作人员经常会发生被动物咬伤、抓伤等事件。除了会造成人员外伤、流血等，犬咬、猫抓、鼠咬等还可能引起人的不同程度的病害。除狂犬病外，动物咬伤还会引起巴氏杆菌、念珠状链球菌或小螺菌的感染。此外，猫抓伤后还会发生一种叫猫抓病的疾病，也称为良性接触性淋巴网状细胞增生症或非细菌性局部淋巴结炎，引起人在抓伤处形成红斑性脓疱、血小板减少、脑炎和红斑性结节。病人在2个月内自行痊愈而不留后遗症。

2. 尖锐物品损伤

常见的尖锐物品主要有针头、刀、剪、锯、破碎的安瓿瓶等。在用注射器抽取病原体液接种动物时，或在给感染动物用注射器采血时，不熟练的实验者很易造成刺伤；在尸体剖检或手术时各种器械也容易引起实验者及其助手受伤，而很多的病毒、细菌及寄生虫可以通过破溃的皮肤而感染，例如：艾滋病、马尔堡病毒、肝炎病毒、汉坦病毒（肾综合征出血热的病原）、布氏杆菌、弓形虫等。在英国，有一实验者在埃博拉（Ebora）病毒的豚鼠接种试验操作中，由于注射针头穿过橡皮手套刺破了自己的手指而发生感染发病的事故。

3. 放射性物质

动物试验中因为使用仪器所产生的α、β、γ中子或X射线等放射线（radiation）照射动物，可使动物实验人员及饲养管理人员暴露于上述放射线中。另外，放射性同位素动物实验也是放射线来源之一。辐射会给动物实验人员造成危害，如白细胞减少、不良生育、放射病、植物神经功能紊乱、造血功能低下、晶状体混浊等，也可因蓄积作用致癌或致畸。

4. 易燃物品及高压气瓶等

动物实验过程中，有时会使用到易燃物，如天然气、高压氧气等，存在爆炸的危险。另外，在各类操作过程中常需要与电接触，如各种仪器、空调机、消毒机等，由于操作不规范或仪器设备老化等原因，操作人员可被电击伤或灼伤。

（二）物理性伤害的防护措施

1. 及时处置

在从事动物饲养与动物实验时，一旦发生被动物伤害事件应及时汇报。动物饲养室或实验室应配备急救医疗箱，对伤者进行适当治疗，严重者应迅速送往医院。

2. 掌握正确抓取方法

在接触动物时，对于小动物的抓取应戴防护手套，或用镊子等抓取工具，不能直接用手抓取。正确掌握抓取方法是避免被咬、抓伤的一个重要环节。对于大动物抓取应戴手套，或用一定的笼具或麻醉后再操作。

3. 正确固定和麻醉

试验时间短时，可在动物清醒状态下徒手固定。试验时间较长，应对动物进行麻醉，将其固定在手术台或工作台上，既保证安全有效，又不致动物损伤，以避免动物对人造成伤害。

4. 实验操作规范

实验人员在操作过程中不但要仔细操作，还要密切注意动物的动态，严格操作规范。所用的注射器、针头、手术器械要放在离动物稍远的地方，以免动物挣扎时误伤动物或操作人员的身体，不再使用的器具及时清理出去。

5. 遵守操作规程

对放射性物质、易燃易爆物、高压气瓶等的使用,应严格遵守相应的规范,按标准操作程序来进行,杜绝各类事故的发生。使用放射物质应达到一定的防护要求,如铅板隔层,或提供铅屏风、铅围裙等防护用品。孕期人员应避免接触X线。应用紫外线消毒时,严禁人员进入消毒区域,要防止紫外线对人体直接照射。

6. 注意用电安全

仪器设备要定人、定期检查,使用仪器严格按照操作规程进行。

(三)化学性危害

1. 麻醉剂与安乐死药剂

动物实验时常需对动物进行麻醉,实验结束时需用麻醉性药物对动物实施安乐死。某些注射性麻醉剂长期与机体皮肤接触可产生损害作用。吸入性麻醉剂在使用过程中,可通过多种环节进入空气。长期工作在残余吸入性麻醉药的环境中,可导致麻醉废气在体内逐渐蓄积而达到危害机体健康的浓度,出现头晕、头疼等不适症状,也可能产生慢性氟化物中毒和生育影响(包括致突变、致畸和致癌作用),甚至会引起流产或不良的生育结局。

2. 消毒剂、杀虫剂、清洁剂

动物饲养和实验过程中,为保护环境卫生,控制传染病因子和昆虫,常用各类化学消毒剂、杀虫剂、清洁剂等,如甲醛、戊二醛、过氧乙酸、碘伏及除虫菊酯、灭害灵等,多具有挥发性,对人的皮肤、神经系统、呼吸系统都有损害,如表现为急性眼结膜炎、上呼吸道炎症、喉头水肿和痉挛、化学性气管炎或肺炎、皮肤损害等。

3. 实验用药品、试剂等

由于实验需要,动物实验中常使用各类药品、试剂。很多药物可用来制作人类疾病的动物模型,如利用致癌物制造肿瘤动物模型等。常用的一些化学试剂,是强酸、强碱或具有强腐蚀性的。这些药品、试剂同时也可对实验人员构成危害。

(四)化学性危害的防护

1. 做好环境控制

应定期对实验室环境进行监测。加强动物室内的通风换气,安装废气排放系统(通风柜)降低各种吸入性麻醉药和化学消毒剂的残余量,减少对机体的危害。尽可能采用物理消毒方法,减少消毒剂的使用。动物实验室应安装紧急冲洗设备。

2. 加强日常管理

制定并不断完善实验室日常管理制度。危险品有明确的标识,并由专人管理,定期检查。实验场所及时清洁、整理,防止二次污染。对所有进室人员进行安全卫生教育。

3. 完善个人防护

除了工作服、实验服、防护服外,还应配备面罩或护目镜、口罩或防毒面具等个人防护设备。

三、生物危害性实验的防护措施

（一）加强实验动物的管理

（1）对实验动物的质量管理。从防治生物危害的角度出发，对购进的实验动物最好是定期进行遗传学监测和微生物学监测，并能根据实验者的要求提供检测结果。

（2）使用SPF级实验动物。在发达国家，一般的科研实验都要求使用SPF动物，这不仅可以获得准确的动物实验结果，也可以有效地避免生物危害的产生。

（二）规范操作、培养良好的工作习惯

实验者必须对病原微生物、实验动物以及实验环境和各种设备的性能特点有充分的认识和掌握，选择可靠的实验手段，制定可行的方案，同时具备熟练的操作技能，这是防止生物危害发生的必要条件。

（1）动物实验区禁止饮食、饮水及吸烟。

（2）实验前后洗手并进行消毒。

（3）实验台的表面应进行擦拭消毒。感染动物实验的实验操作应在一级、二级超净工作台内进行，除了操作时间以外，其余时间最好是经常用紫外灯照射。

（4）防止产生气溶胶。向注射器内吸入病原体液和做接种准备时应注意防止产生气溶胶。皮下、肌肉、腹腔及静脉注射后拔出针头时，肯定会有液体漏出，因此，一定不要忘记用酒精棉擦拭。另外，在接种和采血后也必须给注射针头套上外套管，放入灭菌罐内。

（5）防虫对策。动物饲养实验室内的昆虫，特别是蟑螂也会成为病原体的传播媒介而使病原体传到外界。必须用杀虫药清洗地板。

（6）用过的笼具及污物的灭菌。放在负压通风罩隔离格的小型动物笼具的更换可在格内进行。用完的笼子和粪尿托盘应迅速收到无菌罐内，并防止操作时产生气溶胶和污染地面。

（7）关于动物的固定。直接接触动物时应把它牢牢地固定起来，对小鼠徒手（或戴薄手套）即可固定。大鼠以上的动物，为避免被其咬伤，一定要戴厚手套。用豚鼠、兔时还要防止抓伤，而猫、犬和猴等大动物要使用相应的保定器。

（8）离开前的消毒处理。必须用消毒药对实验空间进行喷雾消毒，用药液拖布或海绵擦净地面。动物室或实验室内禁止使用扫帚，以免产生气溶胶。

（9）戴口罩、帽子、手套、穿防护服。根据病原体的种类不同所采取的防护措施也有所不同。在感染动物饲养室内，实验者穿防护服，以避免接触和吸入病原体。最好是在前室将口罩、帽子、手套和防护服穿戴好，再换上橡皮长靴，然后进入室内，进行实验。离开时将这些物品投入灭菌罐内进行高压灭菌，长胶皮靴的鞋底应用药液消毒。

（10）剖检动物。操作最好是在一级或二级超净工作台内进行（根据需要）。动物的血液、体液、脏器中含有大量的病原体，所以剖检时，应将动物固定板放在托盘里，尽量防止污染工作面和作业空间。剖检前，应将动物的体表用酒精棉、纱布擦拭干净，或用酒精灯烧，这是无菌取材所必须做的。在使用匀浆器制作脏器的匀浆液时，应在完全密闭的手套操作箱内戴上橡皮手套进行操作，以避免产生大量的感染性气溶胶；将采取的材料送

到室外时,应在灭菌罐内用药液消毒其表面。

四、人畜共患病的防护措施

(一)常见人畜共患病

实验动物可能携带感染人的病原体,根据病原的不同,对人体健康产生不同的危害。WHO已列出150~200种直接或间接由动物传播给人的传染病。较为常见的人畜共患病有:结核病、布鲁氏杆菌病、炭疽病、假结核病、沙门菌病、类丹毒、巴斯德杆菌病、李氏德菌病、狂犬病、鹦鹉热、发癣菌病、弓形虫病、棘球蚴病、绦虫病、野兔热和肉毒素中毒症等。实验动物主要的人畜共患病种类、传播动物及对人的健康危害程度,具体见表9-1。

表9-1 实验动物主要的人畜共患病

实验动物	人畜共患病	对人的危害程度
小鼠、大鼠	沙门菌病	+
	淋巴细胞性脉络丛脑膜	+++
	流行性出血热	+++
	脑炎心肌炎	++
	鼠咬热	+
豚鼠	钩端螺旋体病	++
	假结核	+
兔	野兔病	++
	土拉伦菌	+
猫	弓形体病	++
	结核	++
	猫爪病	+
	白癣	+
犬	狂犬病	+++
	钩端螺旋体病	++
	结核	++
	犬蛔虫病	+
	布鲁氏杆菌病	++
鸡	禽流感	+++
	鹦鹉病	+
猪羊牛	旋转病	++
	Q热	+
	炭疽	+
	结核	++

(续表)

实验动物	人畜共患病	对人的危害程度
猪羊牛	布鲁氏杆菌病	+
	李斯特氏杆菌病	+
	传染性脓包性皮炎	+
	白癣	+
	水泡性口腔炎	+
	猪丹毒	++
	钩端螺旋体病	+

（二）人畜共患病的防护措施

实验动物饲养人员和动物实验人员应高度重视人畜共患病的防护工作。主要应做到以下几点。

1. 完善实验动物环境设施

动物设施要有合理的功能区域，各功能区域之间的行走路线不相互交叉。整个设施要有良好的空调通风系统，并运行良好。设施应配备符合标准的消毒灭菌设备。

2. 加强人员管理

严格控制各类人员的进出，无关人员不得进入动物实验室。工作及实验人员应按规定做好个人防护。每次接触动物或培养物以及离开饲养观察前，必须彻底洗手。工作过程中不可避免地要接触动物、排泄物或感染性材料时，必须戴上手套、口罩，禁止用手触摸面部、鼻、眼、口部，禁止在饲养观察室内进食、饮水、吸烟或存放食物。工作期间应穿着饲养观察室内的外套或制服、鞋子、帽子。离开工作室时必须脱下防护服，定时消毒清洗。

3. 严格实验动物的选择

尽量选择无特定病原体（SPF）动物进行实验，杜绝因实验动物自身携带病原体而使实验人员感染。条件有限的情况下至少选择无人畜共患病病原的动物进行试验。目前国内已有无菌级、SPF级大鼠和小鼠供应，犬、猴等大型实验动物也有质量控制良好的群体供应。实验动物一定要到已取得实验动物生产许可证的单位购买，同时要求生产单位提供动物合格证及相关资料。若购买普通级以下动物，引入后必须进行检疫，检查是否带有人畜共患病病原及有关病原，合格后才能引入动物实验室用于试验。

4. 建立标准化的实验环境

良好的实验环境条件对于实验动物来说可以减少受感染的机会，提高试验处理的敏感性，而对于操作者来说，可以降低动物源病原的感染。动物室内应保持整洁，与饲养和实验无关的物品必须清理出去。地面、笼具、盛粪盘应用消毒药浸泡过的拖把或抹布拖洗，以减少病原的扩散。动物粪尿收集在密封的容器中带出做无害化处理。动物尸体必须焚烧。实验完成后，室内先消毒，然后再清洗，最好再做一次消毒备用。从动物室清理出来的废料先进行灭菌后，再做常规处理。动物实验室一定要防止野鼠、昆虫的进入。多种人畜共患病的病原可由野鼠、昆虫等传播给实验动物或人。现有许多实验动物本身已不带人畜共患病病原体，因而更应防止外来病原的侵入。

5. 确保身体健康

工作人员应定期检查身体，维护自身的健康。身体有病期间，暂时不要进入动物房。一旦发生可疑疾病，应及时去医院做出明确诊断，及早治疗。切勿抱有侥幸心理，延误治疗时间。

五、职业防护与职业道德

动物实验本身以探索生命规律、掌握消灭疾病的方法、保障人类健康、造福人类为最终目的。所以加强实验者及管理者的责任感及职业道德修养是防止生物危害的必要条件之一。作为每一个从事生命科学研究的人都应牢记，科学研究的目的是要造福于人类，而不是要加害于这个世界，在任何实验中应把防止生物危害的产生放在首位。

在通常情况下，只要科学地设计动物实验，利用优质标准化的实验动物，在控制合格的饲养和实验环境中，由具有渊博知识和熟练技能的实验者操作，生物危害可以限制到最低点，甚至杜绝。

目前实验动物从业人员普遍存在着对职业危害因素的认识不到位的情况，各级管理部门应适时地组织学习防护的常识和自身防护的方法，充分认识职业危害，增强职业防护意识，减少乃至杜绝动物实验人员的不安全行为。实验动物从业人员上岗培训必须重视职业防护的教育，树立全面性防护的理念，工作中确立严格执行规章制度的职业道德，制定切实有效的职业防护措施。

各实验动物生产及使用单位要加强防护基础设施建设，做到硬件设施到位、防护用品充足、防护制度落实；制定从业人员意外受伤管理办法；建立实验动物管理人员健康档案；建立职业伤害报告系统，以便动物实验相关人员在职业伤害后能向有关部门报告，并得到及时的咨询和处理，动态观察职业危害的事件；同时收集这些数据，可定期进行分析发生职业危害的原因，及时调整防护对策，以减少实验动物饲养人员和动物实验人员的职业危害。

第四节 实验动物突发重大事件应急处理

实验动物突发重大事件是指从事实验动物工作的单位或其人员突发危害社会公众健康的重大事件。包括人畜共患传染病、实验动物重大疫情、群体性不明原因疾病、饲料饮水中毒、大型实验动物设施屏障系统突然遭受破坏或重大火灾地震或大面积停水停电等严重影响科学研究运行和公众健康的重大事件。实验动物突发重大事件应急处理是指突然发生，造成或者可能造成实验动物行业严重损失，造成从业人员健康严重损害的重大事件处置。

一、实验动物突发重大事件应急预案的制定

（一）实验动物突发重大事件可能的严重后果

（1）导致实验动物大批的死亡，给实验动物的生产或使用带来巨大的经济损失。

（2）导致实验动物的生产和供应出现瘫痪，严重影响科研、教学、生产、检定等正常工作秩序，容易引发人们恐惧心理，造成社会的动荡。

（3）重大实验动物疾病，特别是人畜共患病的发生（如流行性出血热等）会导致从业人员的发病，甚至是致命性的伤害。

（4）引发公共卫生事件。严重人畜共患病（如鼠疫、霍乱等）具有突发性、传播快、途径广、控制困难等特点，很容易造成严重的公共卫生事件。

（二）制定实验动物突发重大事件预案的重要性

突发事件的出现不可避免，而且其出现的时间、地点、方式都是人们无法预测和认知的，致使有效防控和处理的难度增加，而唯一可以做到的，是在危害发生之前，健全应急处理机制，以防万一。因此，为了有效预防、及时控制和消除实验动物突发重大事件的危害，保障从业人员和公众身体健康与生命安全，维护正常的社会工作生活秩序，全国各级人民政府实验动物主管部门和各实验动物机构应根据国家突发事件应急预案的有关规定，并结合本地区、本单位的实际情况制定本辖区和本单位的实验动物突发重大事件应急预案。

各地区、各单位的实验动物突发重大应急预案应当根据突发事件的变化和实施中发现的问题及时进行修订、补充，依据有关法律法规、规定，确保预案的规范性、科学性和可操作性。提高应对实验动物突发重大事件的能力，确保实验动物工作正常进行。

二、实验动物突发重大事件应急预案的主要内容

（一）实验动物主管部门制定突发重大事件应急预案主要内容

（1）突发事件应急处理指挥部的组成和相关部门的职责。

（2）突发事件的监测和预警。

（3）突发事件信息的收集、分析、报告和通报制度。

（4）突发事件应急处理技术和监测机构及其任务。

（5）突发事件的分级和应急处理工作方案。

（6）突发事件预防、现场控制，应急设施、设备、救治药品和医疗器械以及其他物资和技术的储备与管理。

（7）突发事件应急处理专业队伍的组建和培训。

（8）突发事件应急处理的善后规定。

（二）实验动物相关单位制定突发事件应急预案主要内容

（1）突发事件应急处理指挥部的组成和相关部门的职责，相关人员的联系方式。

（2）突发事件的日常监测和预警要求。

（3）突发事件的报告、上报制度。

（4）突发事件应急处理技术负责人和监控人员及其任务。

（5）突发事件的分级和应急处理工作方案。

（6）突发事件预防、现场控制，应急设施、设备、救治药品和医疗器械以及其他物资和技术的储备与调度。

（7）突发事件应急处理专业队伍的组建名单和培训要求。

（8）当地相关突发事件应急处理机构的联系方式。

三、实验动物突发重大事件应急处理原则

（一）依法规范

国务院先后颁布了《中华人民共和国生物安全法》《中华人民共和国动物防疫法》《中华人民共和国传染病防治法》《国家突发公共事件总体应急预案》《突发公共卫生事件应急条例》《重大动物疫情应急条例》等有关文件，国务院各有关部门编制了国家专项预案和部门预案；全国各省、自治区、直辖市发布了省级突发公共事件总体应急预案；各地还结合实际编制了专项应急预案和保障预案。

（二）以人为本，保障科学研究工作的正常进行

把保障实验动物从业人员公共生命安全和身体健康以及科研工作正常进行作为应急工作的基本出发点，以"早发现、早报告、早处理"为原则，最大限度地减少实验动物突发重大事件对相关人员和科研工作造成的危害和影响。

（三）属地化管理

实行属地化管理，由当地科技行政主管部门统一指挥协调所属辖区的实验动物机构，各负其责、及时发现、快速反应和迅速处理，在应对突发重大事件全过程中充分体现团结协作的思想和行动反应。

（四）坚持预防为主

应遵循预防为主、常备不懈的方针。把针对实验动物突发重大事件管理的各项工作落实到日常工作之中。加强有关应急技术的培训，完善网络建设，做好应急物资的储备，有计划地开展预案演练，增强防范意识，将预防与应急处理有机结合起来。把突发事件的发生危险和发生后所造成的损失减少到最低。

（五）与相关应急预案相衔接

明确实验动物突发事件的范围和应对措施，明确实验动物突发重大事件应急预案与其

他相关文件的关系，做到职责到位，无缝衔接。

四、实验动物突发重大疫情应急处理

处理突发事件时要采取边调查、边处置、边核实、边调整的方式，及时有效控制事态蔓延。

（一）事件报告

任何单位和个人有权向本地科技管理部门及其动管办报告突发重大实验动物事件及其隐患，有权向上级政府部门举报不履行或不按规定履行突发重大实验动物事件应急处置职责的部门、单位和个人。

1. 责任报告单位和责任报告人

（1）责任报告单位。实验动物生产、使用单位；实验动物质量检测机构。

（2）责任报告人。实验动物从业人员；实验动物质量检测机构人员；实验动物科研单位和院校的相关工作人员；其他有关人员。

2. 报告形式

电话、书面等各种及时有效的形式进行报告。

3. 报告时限和程序

（1）发现疑似突发重大实验动物事件的，应当立即向本单位动物管理部门报告。动物管理部门应立即派人赶赴现场进行事件评估，并采取必要的处置措施。单位动物管理部门1 h之内将疫情报至当地科技行政主管部门。科技行政主管部门应急协调小组，根据事件状况做出应急响应。

（2）科技行政主管部门认定为疑似重大动物疫病的应立即报告本地重大动物疫病应急指挥部部门，出现人员感染疑似病例的应立即报告当地突发公共卫生事件应急指挥部门。

4. 报告内容

（1）事件发生的时间、地点。

（2）事件类别、性质、涉及实验动物单位的数量。

（3）疑似染疫实验动物种类和数量、实验动物来源、同群动物数量、死亡数量、临床症状、诊断情况、人员感染情况。

（4）事件处置沟通措施，报告的单位、负责人、报告人及联系方式。

（二）先期处置

在发生疑似重大实验动物事件时，根据调查结果，分析事件可能扩散的情况，及时采取防止事态扩大的措施。

在疑似实验动物疫情报告的同时，对疑似疫点实施隔离、监控、禁止动物及饲料移动，进行严格消毒；对于已售出疑似带病动物进行追踪调查，按规定作无害化处理，彻底

消毒，必要时采取封锁、扑杀等措施。

发生动物保护组织散布谣言、冲击动物实验设施时，要控制现场秩序，做好人员疏导，保护动物实验设施，及时报警。

（三）事件确认

科技管理部门负责实验动物安全监管，发现动物全体突发传染性疾病或检测机构日常监测中报告有病原感染时，应立即报告动物疫病监督部门进行确认；出现谣言等事件时，及时查找原因。

五、善后恢复

（一）总结与调查评估

突发重大实验动物应急事件危害消除后，实验动物科技行政管理部门组织相关单位，对工作进行总结，对应急处置进行全面评估，并于2周内将总结报告报上级管理部门。报告内容应包括：突发事件基本情况、发生的经过、现场调查和实验室检测的结果，事件发生的主要原因分析和结论，处置经过、采取的防控措施和经验教训等。

（二）责任

对在突发重大实验动物应急事件的预防、报告、调查、控制和处置过程中，有玩忽职守、失职、渎职等违纪违法行为的，依据有关法律法规追究当事人的责任。

（三）恢复与重建

突发重大实验动物事件应急响应终止之后，根据突发重大实验动物事件的特点，对事发单位或疫点和疫区进行持续监测。符合实验动物标准和规范要求的，方可恢复实验动物的生产和使用。

六、保障措施

实验动物突发事件发生后，应急协调小组应积极组织协调科技、动物疫病、卫生等行政部门做好突发事件处置的应急保障工作。

（一）技术保障

实验动物突发事件应急协调小组办公室负责完善应急指挥技术支撑体系，以满足处置突发重大实验动物事件的要求。主要包括有效的通信系统、信息报送系统、分析决策支持系统、移动指挥系统等。保障实验动物突发事件应急协调小组与现场协调小组、各成员单位之间的联系。

（二）队伍保障

实验动物主管部门负责建立突发重大实验动物事件应急处置预备队。预备队由来自中央、军队和地方单位的实验动物管理人员、检测技术人员组成。预备队主要职责是根据重大实验动物突发事件应急协调小组的要求，负责日常防控和应急处理等各项工作。

（三）紧急医疗卫生救援保障

卫生行政部门负责做好人间疫区（疫点）的确定与解除，应急物资、特殊药品、诊断试剂、防护用品储备，紧急医疗救治，流行病学调查，病原学检测与鉴定，消杀工作。

（四）物资保障

应按照分类储备的原则，建立紧急防疫物资储备库，储备足够的药品、疫苗、诊断试剂、消毒试剂、器械、防护用品和消毒设备；配备交通及通信工具等。

（五）经费保障

遇到特别重大和重大突发实验动物应急事件时，由实验动物主管部门向财政部门申请、按照有关规定动用应急储备资金。

每年用于物资储备、疫情监测等所需经费，财政部门要予以保障，具体经费数额由实验动物主管部门同财政部门共同确定。

（六）科研与国际交流

实验动物突发事件应急协调小组办公室应有计划地组织开展应对突发重大实验动物疫情、重大灾害预防相关的科学研究工作，开展国际交流与合作，提高应对的整体水平。

七、培训、演练和宣传教育

（一）培训

实验动物主管部门面向本系统应急指挥和应急处置预备队等应急处置人员，以突发实验动物应急事件预防、应急指挥、综合协调等为重要内容，开展各类业务培训。

（二）演练

每年有计划地组织演练，确保应急指挥人员和应急处置预备队的应急能力。

（三）宣传教育

应急协调小组组织各有关实验动物单位、有关部门，并充分发挥有关社会团体的作用，对实验动物单位负责人、从业人员广泛开展突发重大实验动物事件应急知识的普及教育。

第十章　操作规程和管理制度

第一节　操作规程

一、人员进出屏障系统的标准操作规程

（一）目的

规范人员进出屏障系统的程序和方法，以确保屏障系统内的环境不受污染。

（二）适用范围

本标准适用于进入SPF动物实验室的实验人员及工作人员。

（三）职责

供本实验室实验技术人员遵守。

（四）规程

1. 进出的顺序

外环境→洗消间→淋浴→外更衣室→内更衣室→缓冲间→风淋→清洁走廊→各功能间→污染走廊→洗消间→淋浴→外更衣室→外环境

2. 进入前准备

（1）了解屏障系统内的布局，掌握进出屏障系统的程序和方法。

（2）所有进入屏障系统的人员首先在记录表上登记姓名、单位或科室、进出时间、进入目的等项目，以便查证。

3. 更换生活衣服

（1）工作人员在更鞋处脱掉生活用鞋，从鞋架朝向室内的一侧取出专用拖鞋换上，随手将生活用鞋放到鞋架朝向门厅的一侧。

（2）在洗消间门口换上淋浴间专用拖鞋，进入外更衣室，随手关好门。

（3）脱掉生活用衣、裤等，除去手表、项链、戒指等饰物，放在更衣柜；打开淋浴间门进入淋浴室，随手关好门。

4. 淋浴

（1）进入淋浴室后，如戴眼镜者先将眼镜放在盛有0.1%新洁尔灭的消毒罐中浸泡消毒，或者用自来水冲洗后，经紫外灯照射15 min。

（2）再从喷头架上取下喷头，使出水孔朝向墙壁，打开淋浴器水龙头，等喷头喷出的水达一定热度时，再朝向自己。

（3）淋浴时应充分淋浴全身，淋浴时间不得少于10 min。

（4）淋浴完毕后，关紧淋浴器水龙头，将喷头放回喷头架上，打开衣柜门，先打开已消毒的内衣包裹，取出毛巾擦干身体，然后穿上已消毒好的内衣裤。在内更衣室门口脱掉拖鞋（戴眼镜者顺手从消毒罐取出眼镜），赤脚进入内更衣室，并随手关好门。

5. 更换洁净衣服

（1）再打开消毒好的外衣包裹，按口罩→连体衣→鞋套→手套的顺序穿戴好。

（2）打开内更衣室内侧门，进入缓冲间。

6. 风淋

（1）打开风淋室门，进入风淋室，随手关门。

（2）风淋定时为30 s，先开启风淋开关，在风淋时应转动身体，使身体各部位均得到风淋；结束后打开风淋室另一侧门，进入缓冲走廊，根据自己的工作需要以及缓冲走廊墙壁上的箭头指向，进入各功能区。

7. 人员出屏障系统程序

（1）工作人员在屏障系统内的工作结束后，不得从原路返回，应当从实验室通向污染走廊的一侧门出来。

（2）进入污染走廊后，随手关门，按箭头方向出屏障系统，返回外更衣室，换上工作服出工作区。

（3）在值班室登记出屏障系统的时间，并交由值班人员确认。

（五）引用标准

《实验动物环境及设施》（中华人民共和国国家标准，GB 14925—2023），具体见表10-1。

表10-1　人员进出屏障系统的情况登记表（A001）

姓　名	单　位	进入时间	离开时间	目　的	签　名

二、物品进出屏障系统的标准操作规程

（一）目的

规范物品进出屏障系统的程序。

（二）适用范围

本标准适用于进入SPF动物实验室的所有物品。

（三）职责

供本实验室实验技术人员遵守。

（四）规程

1. 物品的传入

（1）先将笼盒用自来水清洗干净，自然风干，然后将垫料装在笼盒底部铺开，厚度以约1 cm为宜。

（2）打开灭菌器在普通区一侧的门，将物品搬运车卡在灭菌器的铁埠上固定，然后从灭菌仓拉出消毒车，将装好垫料的笼盒叠好摆放在消毒车上，最上面再放上清洗干净的空笼盒。

（3）若需要，手术器械也可以打包后放在空笼盒内同时消毒进去。

（4）若高压饮水瓶时，将饮水瓶倒置于笼盒内，摆放在消毒车上。

（5）若高压无菌衣时，将已打包好的衣服直接依次摆放在消毒车上，切忌堆在一起。

（6）将消毒车推进灭菌仓，移开物品搬运车，掩闭灭菌器的门。

（7）打开电源，启动"关门程序"关闭灭菌器的门，选择"运行程序"，设置灭菌温度、灭菌时间、脉动次数、干燥时间等，上述参数的设置依物品而定，具体如表10-2所示。

表10-2 物品进入的灭菌程序参数

物品 \ 参数	脉动次数（次）	灭菌压力（kPa）	灭菌温度（℃）	灭菌时间（s）	干燥时间（s）
笼 盒	3	150 ± 2	131 ± 2	1 200	600
垫 料	3	150 ± 2	131 ± 2	1 200	600
手术器械	3	150 ± 2	131 ± 2	1 200	600
饮水瓶	3	150 ± 2	131 ± 2	1 200	600
无菌衣	3	150 ± 2	131 ± 2	1 200	600
饲 料	3	121 ± 2	131 ± 2	900	300

完成后，按确认键，程序即自动运行。

（8）灭菌程序运行完毕后，不能急于开门，先让其自然降温，待温度降至70℃以下时，普通区的人员即可通知洁净区的人员开启内侧门。

（9）按"开门"键，打开灭菌器的门，将物品搬运车卡在灭菌器的铁埠上固定，然后从灭菌仓拉出消毒车，将消毒车上的笼盒、垫料等物品全部搬到储物架上，再将消毒车推进灭菌仓，移开物品搬运车，掩闭灭菌器的门，按"关门"键，关闭灭菌器的门。

（10）洁净区的人员即可通知普通区的人员开启外侧门，然后关闭电源。

（11）经高压灭菌的物品，在洁净区储存不得超过72 h；到期的物品由储物间的传递窗直接传出。

2. 污物出屏障系统程序

3. 废弃的物品装入塑料袋中封好，和更换的笼盒、饮水瓶等随人从污染走廊传出。

（五）引用标准

《实验动物环境及设施》（中华人民共和国国家标准，GB 14925—2023），具体见表10-3。

表10-3　物品进入屏障系统记录（A002）

日期	进入物品	进入方式	灭菌（消毒）时间	操作人员

注：进入方式包括高压灭菌器（注明压力、温度、时间），紫外照射，熏蒸法三类。

三、传递窗传递物品的标准操作规程

（一）目的

规范通过传递窗传递物品的操作方法，保证物品的灭菌效果。

（二）适用范围

本标准适用于凡是不耐高温高压且不能用消毒液浸泡、内包装已经过高压或经^{60}Co辐照消毒过的物品如饲料等均由传递窗传入屏障设施内。

（三）职责

供本实验室实验技术人员遵守。

（四）规程

（1）先用清水对传递窗进行彻底擦拭，再用当月使用的消毒液（0.1%新洁尔灭或0.2%过氧乙酸或75%酒精等）擦拭传递窗内外表面，最后开紫外灯照射10 min。

（2）将待传物品的表面先用湿布擦拭1~2次，再用当月使用的消毒液（0.1%新洁尔灭或0.2%过氧乙酸或75%酒精等）擦拭消毒。

（3）打开传递窗外侧门，把物品放入传递窗，然后用当月使用的消毒液（0.1%新洁尔灭或0.2%过氧乙酸或75%酒精等）依物品底部→四周壁→物品顶部喷雾1次，最后对整个传递窗内室喷雾1次，关闭外门，开紫外灯照射15 min。

（4）由洁净区内人员在洁净储间打开传递窗内门，拿出物品，放在洁净储物架上，备用。

（五）引用标准

《实验动物环境及设施》（中华人民共和国国家标准，GB 14925—2023），具体见表10-4。

表10-4 传递窗传递物品记录（A003）

传入物品	传入时间	不能高压原因说明	操作人员

四、饲料传入屏障系统的标准操作规程

（一）目的

规范已经过灭菌的饲料传入屏障系统的操作方法和程序，确保饲料和屏障系统内环境不受污染。

（二）适用范围

本标准适用于普通未灭菌饲料经高压灭菌方式或者内包装已经过高压或经^{60}Co辐照消毒过的饲料等均由传递窗传入屏障设施内。

（三）职责

供本实验室实验技术人员遵守。

(四)规程

1. 经传递窗传递

(1)传递窗的消毒先用清水对传递窗进行彻底擦拭,再用当月使用的消毒液(如0.1%新洁尔灭或0.2%过氧乙酸或75%酒精等)擦拭传递窗内外表面,最后开紫外灯照射10 min。

(2)关紫外灯,将袋装饲料从外包装箱中取出,用当月使用的消毒液(如0.1%新洁尔灭或0.2%过氧乙酸或75%酒精等)擦拭消毒其外表面或84消毒液浸泡30 min。

(3)把袋装饲料放入传递窗,然后用上述消毒液对其表面进行喷雾消毒。最后对整个传递窗内室喷雾1次,关闭外门,开紫外灯照射15 min。

(4)关紫外灯,在洁净储物间打开传递窗内门,拿出饲料,然后置于储物架上备用。

2. 经双扉高压蒸汽灭菌器传递

将已包装好的饲料按"XG1.DMF型机动门真空灭菌器的操作程序"消毒灭菌后,贮存于洁净物架上备用,具体见表10-5、表10-6。

表10-5 辐照饲料传入屏障系统的操作记录(A005)

日期	传入(浸泡)时间	传入数量	紫外灯开启时间	紫外灯关闭时间	操作人员签名

表10-6 非辐照或破损饲料传入屏障系统的操作记录

日期	传入时间	传入数量	高压灭菌时间	操作人员签名

五、无菌衣的洗涤及打包的标准操作规程

(一)目的
规范无菌衣、手套、毛巾、内衣等衣物的洗涤和打包的方法。

(二)适用范围
本标准适用于进入SPF动物实验室的实验人员及工作人员。

(三)职责
供本实验室实验技术人员遵守。

(四)规程

1. 洗涤

(1) 每进屏障系统1次就要求换洗无菌工作服。

(2) 无菌工作服在洗涤前应认真检查,发现破损应及时修补后降级使用,或弃之不用;用洗衣机洗涤工作服应按下列顺序操作:

待洗服→洗涤→脱水→干燥→检查→(叠烫)打包→灭菌→备用

　　　　　　　　　　　　　↓　　　　　↑
　　　　　　　　　　→补修→除线头

2. 打包

(1) 将内衣裤和毛巾叠成大小尽量一致的四方形,依内裤→内衣→毛巾的次序放在包布上面打包,之后再包一层;在包布上面贴上胶布,注明衣服号码、消毒日期。

(2) 将连体服叠好,依鞋套→无菌衣→口罩→手套的次序放在包布上面打包,之后再包一层,在包布上面贴上胶布,注明衣服型号、消毒日期。

(五)引用标准

《实验动物环境及设施》(中华人民共和国国家标准,GB 14925—2023),具体见表10-7。

表10-7　无菌衣的洗涤及打包的操作记录(A006)

日期	洗涤物品	洗涤数量	打包物品	打包数量	修补数量	操作人员

六、更衣间清洁消毒的标准操作规程

（一）目的

规范淋浴间、外更衣室清洁消毒的程序，以减少由携入性引起屏障系统内环境的污染。

（二）适用范围

本标准适用于进入SPF动物实验室的工作人员。

（三）职责

供本实验室实验技术人员遵守。

（四）规程

（1）每天在进入屏障系统的人员工作结束后，先用自来水从衣柜→玻璃屏风→墙壁→地面的次序擦拭1遍，然后开紫外灯照射30 min。

（2）每周五用当月使用的消毒液（0.1%新洁尔灭或0.2%过氧乙酸或75%酒精等）喷雾消毒1次。

（3）每月用当月使用的消毒液（0.1%新洁尔灭或0.2%过氧乙酸或75%酒精等）从天花板→衣柜→玻璃屏风→墙壁→锁孔→门窗→地面的次序由里到外彻底擦拭消毒1次。

（4）及时做好清洁消毒记录及相关消毒液配制记录。

（五）引用标准

《实验动物环境及设施》（中华人民共和国国家标准，GB 14925—2023），具体见表10-8。

表10-8　更衣间清洁消毒的操作记录（A007）

日期	消毒液配制时间	沐浴间消毒时间	更衣间消毒时间	操作人员签名

七、接收及检疫SPF级大、小鼠的标准操作规程

（一）目的

规范接收及检疫SPF级大、小鼠的操作程序。

（二）适用范围

本标准适用于进入SPF动物实验室的实验人员及工作人员。

（三）职责

供本实验室实验技术人员遵守。

（四）规程

1. 在接收室做好传送动物的准备，包括消毒液的配制、按动物数量、性别及品系准备好所需的笼盒、笼盖。

2. 对新购实验动物的验收

（1）由实验动物室管理人员、兽医及课题组成员组成验收小组，执行验收。

（2）动物到达后，首先检查外包装箱的密封情况，若有破损应及时跟供应商联系，采取相应的处理措施。

（3）检查供应单位提供的材料，应包括：品种、品系及亚系的确切名称；遗传背景或其来源；微生物检测状况；合格证书（设施、实验动物等合格证）；供应单位负责人签名及日期。

3. 动物进入屏障系统的程序

（1）待实验收后，先用当月使用的消毒液如0.1%新洁尔灭或0.2%过氧乙酸或75%酒精等对接收室传递窗进行擦拭消毒，然后开紫外灯照射10 min。

（2）将包装箱表面先用湿毛巾擦拭1~2次，再用0.1%新洁尔灭或0.2%过氧乙酸或75%酒精等消毒液彻底擦拭消毒1次后，放进传递窗，最后用0.1%新洁尔灭或0.2%过氧乙酸或75%酒精等消毒液进行喷雾消毒，同时开紫外灯，照射消毒15 min。

（3）关紫外灯，在接收室打开包装箱，将动物分笼，并在每笼上面挂上标签，标签内容如下所示：动物名称、品系、周龄（体重）、购进日期、动物数量、性别、操作者、笼号。

（4）重复步骤（2）和步骤（3），直至将所有动物传入。

（5）包装箱由传递窗直接传出，动物在接收室做进一步观察，主要有以下内容：精神状态是否良好，大小是否匀称，被毛是否光滑，雌雄是否分开，有无死亡。观察1 d后，未出现上述现象，即可将动物转入检疫室进行进一步观察。

（6）观察期为5~7 d，这期间无异常情况，则转入饲养区或实验区；若不合格，则由污染走廊传出。

（五）引用标准

《实验动物环境及设施》（中华人民共和国国家标准，GB 14925—2023），具体见表10-9。

表10-9　接收及检疫SPF级大、小鼠的操作记录（A009）

日期	品种	提供单位	微生物检测状况	进入实验室时间	接收人员签名	送检人员签名

八、屏障系统外环境的清洁与消毒的标准操作规程

（一）目的

规范屏障系统外环境的清洁消毒的程序。

（二）适用范围

本标准适用于进入SPF动物实验室的实验人员及工作人员。

（三）职责

供本实验室实验技术人员遵守。

（四）规程

（1）每天上班先把办公桌、椅子、门、监控器、鞋柜等擦拭干净，然后把门厅、办公室、洗消间、普通区走廊等地面拖干净。

（2）每天清洁男、女卫生间1次，每周一用洁厕精清洗地面1次，每周五依墙壁→水槽→门窗→地板的次序彻底清洁1次，然后用当月使用的消毒液（0.1%新洁尔灭或0.2%过氧乙酸或75%酒精等）喷雾消毒。

（3）每天用自来水冲洗地漏1次，并每周五用当月使用的消毒液（0.1%新洁尔灭或0.2%过氧乙酸或75%酒精等）冲洗1次。

（4）每天做完卫生后，清洗洗消池，将抹布、地拖、垃圾铲、扫把清洗干净，然后挂在卫生间墙上备用。

（5）每周五清洗拖鞋，擦干后放回鞋柜备用。

（6）春、夏、秋三季每天下班后在门厅、办公室、洗消间、普通区走廊喷1次杀虫

剂，然后关好门窗。

（7）及时记录每次清洁消毒的记录。

（五）引用标准

《实验动物环境及设施》（中华人民共和国国家标准，GB 14925—2023），具体见表10-10。

表10-10 屏障系统外环境的清洁与消毒（A015）

日期	消毒液配制时间	清理物品	洗消间清理时间	操作人员	备注

九、屏障系统内环境的清洁与消毒标准操作规程

（一）目的

规范屏障系统内环境的清洁、消毒的操作方法及程序，确保环境符合要求。

（二）适用范围

本标准适用于进入SPF动物实验室的实验人员及工作人员。

（三）职责

供本实验室实验技术人员遵守。

（四）规程

（1）每天在完成饲喂或实验工作后，先将操作室的污物及不需病检的动物尸体装进污物塑料袋中封口，由污染走廊传出。

（2）用当月使用的消毒液（0.1%新洁尔灭或0.2%过氧乙酸或75%酒精等）依内更衣室→缓冲走廊→风淋室→清洁走廊→操作间→污染走廊的次序倒着往后做，即从内更衣室开始，只要有人经过的地方，都要对地面进行清洁消毒。

（3）每周用当月使用的消毒液（0.1%新洁尔灭或0.2%过氧乙酸或75%酒精等）按上述次序彻底做1次的清洁消毒，各房间（走廊）依（更衣柜）→天花板→紫外灯管→墙

壁→门窗→地面的次序清洁消毒。

（4）门锁及锁孔用5 mL注射器吸取0.1%新洁尔灭或0.2%过氧乙酸或75%酒精先喷洗，再用抹布擦干。

（5）及时做好清洁消毒及消毒剂配制记录。

（五）引用标准

《实验动物环境及设施》（中华人民共和国国家标准，GB 14925—2023），具体见表10-11。

表10-11　屏障系统内环境的清洁与消毒操作记录（A016）

日期	实验室名称	清理物品	消毒液配制时间	操作人员	备注

十、申请使用动物实验室及实验动物的标准操作规程

（一）目的

规范申请使用动物实验室及实验动物的程序。

（二）适用范围

本标准适用于进入SPF动物实验室的实验人员。

（三）职责

供本实验室实验技术人员遵守。

（四）规程

（1）申购单位或部门需根据实验需要，认真填写"使用动物实验室及实验动物申请表"（表10-12），并根据动物提前送交实验动物室，如大、小鼠提前25 d。

（2）"实验动物购置申请单"内容包括：专题名称、动物名称、品系、性别、年龄、体重、数量、级别、要求动物到达时间、申购人签名、联系电话、负责人签名、专题负责人签名、日期。

（五）引用标准

无。

表10-12　动物实验室使用申请表

实验名称								
课题名称								
课题来源		课题号		负责人		单位		
实验时间（预计）		动物来源		动物品种		动物数量		
本次实验负责人		联系电话		动物级别		实验要求		
实验开始日期		结束日期		饲养员		电话		
预结算方式/标准		动物款		饲料款		实验费		
实结算方式/标准		动物款		饲料款		实验费		
申请人（签名）： 　　　　　　年　月　日								
标准化实验动物场预安排： 签名： 　　　　年　月　日								
平台建设与保障处审批意见： 签名： 　　　　年　月　日								
备注								

十一、标准化实验动物场设备与设施的管理的标准操作规程

（一）目的

规范实验动物场设备与设施的管理。

（二）适用范围

本标准适用于饲料、垫料、笼具、实验器械等耐高压物品。

（三）职责

供本实验室实验技术人员遵守。

（四）规程

（1）大型设备主要有空调机组、净水制备系统、双扉高压蒸汽灭菌器、蒸汽发生器、送排风机等。

（2）空调机组、净水制备系统、双扉高压蒸汽灭菌器、送排风机、蒸汽发生器均需制定相应的SOP，并由专人负责，使用人必须按SOP操作并及时将设备的运行情况在记录本上做详细记录，定期交QAU处检查并存档。在使用中发现异常必须及时和厂家或经销商联系，及时排除故障。

（3）空调机组每天应检查运转情况，管道过滤网应每月清洗1次，并对电机轴承添加润滑油。空调机组在闲置不用的情况下，也应定期开机运行，每年应请专业人员或厂家对整个空调系统进行1~2次系统维修检查，对不良部件必须进行更换，以确保空调机组长期处于良好的运转状态。

（4）每季度由专门人员对送、排风机组除尘和上润滑油；检查风管有无破损；定期更换清洗初效、高效过滤器，破损的过滤器应及时更换，以确保洁净区的洁净度。

（5）净水制备系统在运行1个星期后，必须对碳滤器进行反洗，正洗操作，以确保水质。每半年应对整个纯化系统用清洁液进行彻底消毒。

（6）高压蒸汽灭菌器在完成工作后，应将灭菌器内室及消毒车用清水擦抹干净；非灭菌过程中，应打开前门，以防密封圈长期压缩变形而影响门的密封性能和寿命；疏水阀应3个月清理1次；进汽与进水管路上的过滤器应半年清理1次，以防杂质堵塞。

（五）引用标准

《实验动物环境及设施》（中华人民共和国国家标准，GB 14925—2023），具体见表10-13。

表10-13　设备与设施的管理维护登记表

设备名称	维护内容	维护时间	签　名

十二、标准化实验动物场实验区人员流动标准化操作规程

（一）目的

规范实验人员进出屏障系统的程序和方法，以确保屏障系统内的环境不受污染。

（二）适用范围

本标准适用于进入SPF动物实验室的实验人员及工作人员。

（三）职责

供本实验室实验工作人员及进入SPF动物实验室的实验人员遵守。

（四）规程

办公区领取高压无菌隔离服包袱→实验区门口脱鞋→第一更衣室→脱衣（女生只保留内衣内裤，男生只保留内裤）→第二更衣室→在传递窗Ⅱ消毒眼镜等不能高压的实验用品→消毒手（消毒液浸泡10 min）→消毒脚（消毒液浸泡10 min）→穿无菌隔离服（内衣→内裤→裤子→上衣→脚套→口罩→乳胶手套→白线手套→检查）→缓冲间Ⅰ→缓冲间Ⅱ→风淋室→清洁走廊→传递窗Ⅰ取高压无菌物品→传递窗Ⅱ取已消毒眼镜等不能高压的实验用品→进入实验室→实验做完后清洁实验室→清理垃圾随身携带→次清洁走廊→缓冲间Ⅲ→离开实验区。

注意事项：

（1）实验用品，耐高温物品必须高压灭菌，眼镜一次性注射器等用84消毒液浸泡30 min，既不能高压又不能浸泡的物品，如照相机、电脑等物品在传递窗熏蒸消毒传入屏障环境。

（2）生活用品，除眼镜、内衣、内裤外任何物品不得带入实验区。

（3）实验动物尸体、垃圾等废弃物不得存放在实验室过夜。

（4）离开实验室前，必须彻底清理打扫实验室卫生，并用84消毒液消毒台面和地面。

（5）屏障环境内，手不允许接触自身皮肤等污染物。

十三、标准化实验动物场实验动物尸体废物处置标准规程

（一）目的

对动物尸体、废弃物进行无害化处理，保护环境。

（二）适用范围

实验动物尸体、动物饲养室产生的废物。

（三）职责

（1）洗消间人员负责收集动物尸体，放入冰柜冷冻保存。

（2）环境安全管理员负责联系危险废物处置中心处理实验动物尸体。

（四）规程

1. 饲养过程中产生废物的处理

（1）实验动物尸体用专用编织袋打结密封，保存在-18℃冰柜中。在记录本上填写存放人姓名、动物种类、数量、死亡原因。

（2）动物排泄物及垫料回收到饲料袋中，扎紧袋口，保存在专门区域。

2. 动物实验废弃物的处理

各实验室及地面上要准备好医疗垃圾桶、废弃注射针用容器、动物尸体袋，由实验者自己分门别类存放。带血液、组织的医疗垃圾密封存放在冰箱。

3. 无害化处理

若冰柜内的动物尸体储存已满，环境安全管理应联系危险废物处置中心处理。

（五）注意事项

（1）储存动物尸体的冰柜，不得放置其他物品，动物尸体冷冻储存室应单独设置，易于通风和清洁消毒，以免交叉污染。

（2）不得随意丢弃实验动物尸体，严禁食用和出售。

十四、实验区消毒传递窗传递物品的标准操作规程

（一）目的

（二）适用范围

本标准适用于凡是不耐高温高压且不能长时间用消毒液浸泡、内包装已经过高压或经 ^{60}Co辐照消毒过的物品如饲料、注射器等均由传递窗传入屏障设施内。

（三）职责

供本实验室实验技术及相关人员遵守。

（四）规程

（1）先用配置好的84消毒溶液浸泡15~20 min，擦拭传递窗内外表面，最后开氙光灯照射10 min。

（2）打开传递窗外侧门，把物品放入传递窗，然后打开灭菌键，照射1 min后，关闭外门。

（3）进入实验区打开传递窗内门，拿出物品，放在洁净储物架上，备用。

（五）引用标准

《实验动物环境及设施》（中华人民共和国国家标准，GB 14925—2023），具体见表10-14。

表10-14　实验区消毒传递窗传递物品记录（A003）

传入物品	传入时间	不能高压原因说明	操作人员

十五、噪声及照度测定方法

（一）检测条件

1. 静态检测

在实验动物设施内环境通风、净化、空调系统正常连续运转48 h后，工艺设备已安装，室内无动物及生产实验工作人员的条件下进行检测。

2. 动态检测

在实验动物设施处于正常生产或实验工作状态条件下进行检测。

（二）检测仪器

（1）测量仪器为声级计。

（2）测量仪器应在有效检定期内。

（三）测定方法

1. 测点布置

面积≤10 m²的房间，于房间中心离地1.2 m高度设一个点；面积>10 m²的房间，在室内离开墙壁反射面1.0 m及中心位置，距地面1.2 m高度布点检测。

2. 设施内噪声测定

以声级计A档为准进行测定。

十六、照度测定方法

（一）测定条件

实验动物设施内照度，在工作光源接通，在正常使用状态下进行测定。

（二）测定仪器

（1）测定仪器为便携式照度计。

（2）测量仪器应在有效检定期内。

（三）测定方法

（1）在实验动物设施内选定几个具有代表性的点测定工作照度。距地面0.9 m，离开墙面1.0 m处测定。

（2）关闭工作照度灯，打开动物照度灯，在动物饲养盒笼盖或笼网上测定动物照度，测定时笼架不同层次和前后都要选点。

（3）使用电光源照明时，应注意电压时高时低的变化，应使电压稳定后再测。

十七、氨气浓度测定方法

（一）测定条件

在实验动物设施处于正常生产或实验工作状态下进行，垫料更换符合时限要求。

（二）测定原理

实验动物设施环境中氨浓度检测应用纳氏试剂比色法进行，其原理是氨与纳氏试剂在碱性条件下作用产生黄色，比色定量。此法检测灵敏度为2 μg/10 mL。

（三）检测仪器

（1）检测仪器为大型气泡吸收管，空气采样机，流量计0.2~1.0 L/min，具塞比色管（10 mL），分光光度计。基于纳氏试剂比色法的现场氨测定仪。

（2）测量仪器应在有效检定期内。

（四）样品采集

1. 试剂

（1）吸收液0.05 mol/L硫酸溶液。

（2）纳氏试剂 称取17 g氯化汞溶于300 mL蒸馏水中，另将35 g碘化钾溶于100 mL蒸馏水中，将氯化汞溶液滴入碘化钾溶液直至形成红色不溶物沉淀出现为止。然后加入600 mL 20%氢氧化钠溶液及剩余的氯化汞溶液。将试剂贮存于另一个棕色瓶内，放置暗处数日，取出上清液放于另一个棕色瓶内，塞好橡皮塞备用。

（3）标准溶液 称取3.879 g硫酸铵[$(NH_4)_2SO_4$]（80℃干燥1 h），用少量吸收液溶解，移入1 000 mL容量瓶中，用吸收液稀释至刻度，此溶液1 mL含1 mg氨（NH_3）储备液。

量取储备液20 mL移入1 000 mL容量瓶，用吸收液稀释至刻度，配成1 mL含0.02 mg氨（NH_3）的标准溶液备用。

2. 样品采集方法

应用装有5 mL吸收液的大型气泡吸收管安装在空气采样器上，以0.5 L/min速度在笼具中央位置抽取5 L被检气体样品。

（五）分析步骤

采样结束后，从采样管中取1 mL样品溶液，置于试管中，加4 mL吸收液，同时按表10-15配制标准色列，分别测定各管的吸光度，绘制标准曲线。

表10-15 标准色列配置

管号	0	1	2	3	4	5	6	7	8	9	10
标准液（mL）	0	0.2	0.4	0.6	0.8	1.0	1.2	1.4	1.6	1.8	2.0
0.05 mol/L H_2SO_4（mL）	5	4.8	4.6	4.4	4.2	4.0	3.8	3.6	3.4	3.2	3.0
纳氏试剂（mL）	0.5	0.5	0.5	0.5	0.5	0.5	0.5	0.5	0.5	0.5	0.5
氨含量（mg）	0	0.004	0.008	0.001 2	0.016	0.02	0.024	0.028	0.032	0.036	0.04
吸光度											

向样品管中加入0.5 mL纳氏试剂，混匀，放置5 min后用分光光度计在500 nm处比色，读取吸光度值，从标准曲线表中查出相对应的氨含量。

（六）计算

（1）将采样体积按式（1）换算成标准状态下采样体积：

$$V_0 = V_t \times \frac{273}{273+t} \times \frac{P}{P_0}$$

式中：

V_0 为标准状态下的采样体积，单位为L；

V_t 为采样体积，单位为L；

t 为采样点的气温，单位为℃；

P 为采样点的大气压，单位为kPa；

P_0 为标准状态下的大气压，101 kPa。

（2）空气中氨浓度，式（2）：

$$X = \frac{C \times 稀释倍数 \times 取样量}{V_0}$$

X 为空气中氨浓度，单位为mg/m³；

C 为样品溶液中氨含量，单位为μg；

V_0 为换算成标准状况下的采样体积，单位为L。

（七）注意事项

当氨含量较高时，则形成棕红色沉淀，需另取样品，增加稀释倍数，重新分析。甲醛和硫化氢对测定有干扰，所有试剂均需用无氨水配置。

十八、空气沉降菌检测方法

（一）测定条件

实验动物设施环境空气中沉降菌的测定应在实验动物设施空调净化系统正常运行48 h，经消毒灭菌后进行。

（二）测点选择

每5~10 m²设置1个测定点，将培养皿放于地面上。

（三）测定方法

1. 测菌落数

平皿打开后放置30 min，加盖，放于37℃恒温箱内培养48 h后计算菌落数（个/皿）。

2. 营养琼脂培养基的制备

将已灭菌的营养琼脂培养基（pH值7.6）隔水加热至完全熔化，冷却至50℃左右，轻轻摇匀（勿使有气泡），立即倾注灭菌平皿内（直径90 mm），每皿注入15~20 mL。待琼脂凝固后，翻转平皿（盖在下），放入37℃恒温箱内，经24 h无菌培养，无细菌生长，方可用于检测。

十九、实验动物环境静压差及空气洁净度检测方法

（一）检测条件

1. 静态检测

在洁净实验室动物设施空调送风系统连续运行48 h以上，已处于正常运行状态，工艺设备已安装，设施内无动物及工作人员的情况下进行检测。

2. 动态检测

在洁净实验动物设施已处于正常使用状态下进行测试。

（二）测量仪器

（1）测量仪器为精度可达1.0 Pa的微压计。

（2）测量仪器应在有效检定期内。

（三）测定方法

（1）检测在实验动物设施内进行，根据设施设计与布局，按人流、物流、气流走向依次布点测定。

（2）每个测点的数据应在设施与仪器稳定运行的条件下读取。

二十、空气洁净度检测方法

（一）检测条件

1. 静态检测

在实验动物设施内环境净化空调系统正常连续运转48 h以上，工艺设备已安装，室内无动物及工作人员的情况下进行检测。

2. 动态检测

在实验动物设施处于正常生产或实验工作状态下进行检测。

（二）检测仪器

（1）尘埃粒子计数器。

（2）测量仪器应在有效检定期内。

（三）测定方法

1. 静态检测

应对洁净区及净化空调系统进行彻底清洁；测量仪器充分预热，采样管必须干净，连接处严禁渗漏；采样管长度，应为仪器的允许长度，当无规定时，不宜大于1.5 m；采样管口的流速，宜与洁净室断面平均风速相接近，检测人员应在采样口的下风侧。

2. 动态检测

在实验工作区或动物饲育区内，选择有代表性测点的气流上风向进行检测，检测方法

和操作与静态检测相同。

（四）测点布置

（1）检测实验工作区时，如无特殊实验要求，取样高度为距地面1.0 m高的工作平面上。

（2）检测动物饲育区内时，取样高度为笼架高度的中央，水平高度为0.9~1.0 m的平面上。

（3）测点间距为0.5~2.0 m，层流洁净室测点总数不少于20个点。乱流洁净室面积不大于50 m^2的布置5个测点，每增加20~50 m^2应增加3~5个测点。每个测点连续测定3次。

（五）采样流量及采样量

（1）5级要求洁净实验动物设施（装置）采样流量为1.0 L/min，采样量不小于1.0 L。

（2）6级及以上要求的实验动物设施（装置）采样流量不大于0.5 L/min，采样量不少于1.0 L。

（六）结果计算

（1）每个测点应在测试仪器稳定运行条件下采样测定3次，计算求取平均值，为该点的实测结果。

（2）对≥0.5 μm的尘埃粒子数确定：层流洁净室取各测定点的最大值。乱流洁净室取各测点的平均值作为实测结果。

二十一、实验动物环境换气次数测定

（一）测定条件

在实验动物设施运转接近负荷连续运行48 h以上时进行测定。

（二）测量仪器

（1）测量仪器为0.01以上的热球式电风速计，或智能化数字显示式风速计，或风量罩，校准仪器后进行检测。

（2）测量仪器应在有效检定期内。

（三）测定方法

（1）通过测定送风口风量（正压式）或出风口风量（负压式）及室内容积来计算换气次数。

（2）风口为圆形时，直径在200 mm以下者，在径向上选取2个测定点进行测定；直径在200~300 mm时，用同心圆做2个等面积环带，在径向上选取4个测定点进行测定；直径在300~600 mm时，用同心圆做3个等面积环带，在径向上选取6个测定点进行测定；直径大于600 mm时，做成5个同心圆测定10个点，求出风速平均值。

（3）风口为方形或长方形者，应将风口断面分成100 mm×150 mm以下的若干个等分面积，分别测定各个等分面积中心点的风速，求出平均值，作为平均风速。

（4）在装有圆形风口的情况下，可应用与之管径相等、1 000 mm长的辅助风道或应用风斗型辅助风道，按"2"中所述方法取点进行测定；如送风口为方形或长方形，则应用相应形状截面的辅助风道，按"3"中所述方法取样进行测定。

（5）使用风罩测定时，直接将风量罩扣到送（排）风口测定。

（四）计算公式

按式（1）求得换气量。

$$Q=3\,600S\bar{v} \tag{1}$$

式中：

Q为所求换气量，单位为m^3/h；
S为风口有效面积，单位为m^2；
$\bar{v}$为平均风速，单位为m/s。

换气量再乘以校正系数即可求得标准状态下的换气量。校正系数进风口为1.0，出风口为0.8，以20℃为标准状态按式（2）进行换算：

$$Q=3\,600[(273+20)/(273+t)]S\bar{v} \tag{2}$$

式中：

Q为标准状态的换气量，单位为m^3/h；
t为送风温度，单位为℃；
$\bar{v}$为平均风速，单位为m/s。

换气次数则由式（3）求得：

$$n=Q_0/V \tag{3}$$

式中：

n为换气次数，单位为次/h；
Q_0为送风量，单位为m^3/h；
V为室内容积，单位为m^3。

二十二、实验动物环境气流速度测定

（一）测定条件

在实验设施运转接近设计负荷，连续运行48 h以上进行测定。

（二）测量仪器

（1）测量仪器为精密度为0.01以上的热球式电风速计，或智能化数字显示式风速计，校准仪器后进行检测。

（2）测量仪器应在有效检定期内。

（三）测定方法

1. 布点

应根据设计要求和使用目的确定动物饲育区和实验工作区，要在区内布置测点。一般空调房间应选择放置在实验动物笼具处具有代表性的位置布点。尚无安装笼具时在离围护结构0.5 m，离地高度1.0 m及室内中心位置布点。

2. 测定方法

检测在实验工作区或动物饲育区内进行，当无特殊要求时，于地面高度1.0 m处进行测定。乱流洁净室按洁净面积不大于50 m²至少布置测定5个测点，每增加20~50 m²增加3~5个位点。

（四）数据整理

（1）每个测点的数据应在测试仪器稳定运行条件下测定，数字稳定10 s后读数。

（2）乱流洁净室内取各测定点平均值，并根据各测定点各次测定值判定室内气流速度变动范围及稳定状态。

二十三、实验动物环境温湿度测定

（一）测定条件

（1）在设施竣工、空调系统运转48 h后或设施正常运行之中进行测定。测定时，应根据设施设计要求的空调和洁净等级确定动物饲育区及实验工作区，并在区内布置测点。

（2）一般饲育室应选择动物笼具放置区域范围为动物饲育区。

（3）恒温恒湿房间离围护结构0.5 m，离地高度0.1~2.0 m处为饲育区。

（4）洁净房间垂直平行流和乱流的饲育区与恒温恒湿房间相同。

（二）测量仪器

（1）测量仪器精密度为0.1以上标准水银干湿温度计及热敏电阻式数字型温湿度测定仪。

（2）测量仪器应在有效检定期内。

（三）测定方法

（1）当设施环境温度波动范围大于2℃，室内相对湿度波动范围大于10%时，温度、湿度的测定宜连续进行8 h，每次测定间隔为15~30 min。

（2）乱流洁净室按洁净面积不大于50 m²至少布置测定5个测点，每增加20~50 m²增加3~5个位点。

二十四、隔离环境设施的管理

(一) 大鼠、小鼠隔离器的使用

1. 使用前的准备

隔离器是一个完全密封环境，因此使用前先测是否漏气，即向室内充气，内压达 55 mmH$_2$O，经48 h膜室手臂仍保持挺直状态，说明不漏气。然后进行灭菌，向隔离器内喷2%过氧乙酸约250 mL，作用12 h（进排风口用薄膜封口）。消毒后通风3~4 d（用镊子捅破进出风口），直至排出气体不带酸味方可使用。在使用中定期测风速、换气次数，定期更换高效过滤器（半年），各项指标达到标准后方可使用。注意随时检漏补漏，使用期一年。

2. 灭菌渡舱的使用

灭菌渡舱是隔离器传递动物、物品的通道，传入物品时先打开渡舱外盖帽，将物品放入。然后封严外盖帽，通过上面喷口喷入2%过氧乙酸约10 mL对物品表面进行灭菌，作用40 min后，打开内盖帽，将物品取出同时传出物品，将传出物品放入，封严内盖帽，再打开外盖帽取出物品。

3. 灭菌罐的使用

将消毒包装好的饲料、垫料、水瓶及用具放在桶内隔板上，用耐高压薄膜封口，胶带固定进行高压灭菌（121℃、30 min）。传入前，先将连接袖一端套上灭菌罐封口，用胶带密封固定，再将连接袖另一端与灭菌渡舱外口连接，用胶带密封，从连接袖通风口处喷入2%过氧乙酸约10 mL，至连接袖膨隆为止。静置40 min，脱下内盖帽，将灭菌罐内隔板拉出，取出物品，同时将待传出物品放在隔板上，连隔板一起退回灭菌罐内。盖上内帽，在灭菌罐外取下连接袖和传出物品，擦净灭菌罐，盖上外帽，在灭菌罐的通风口处喷上2%过氧乙酸，至内外帽充分隆起为止。灭菌罐滤材每年都要更换。待发动物的包装及传递：近距离运输可用灭菌纸袋或隔离帽鼠盒装运，长途运输需用灭菌罐，传递程序同前。

(二) 无菌隔离器室的管理

（1）进入本室前必须更换工作服、帽、鞋，用肥皂洗手，并用0.1%新洁尔灭液浸泡消毒。

（2）保持室内整洁，及时处理操作时新留下的废物。

（3）每周定时用消毒液擦拭隔离器薄膜表面、架子、室内门窗。

（4）每天下班前清扫地面，并用0.2%过氧乙酸喷雾消毒室内空间，用0.2%新洁尔灭擦拭隔离器表面。

（5）集中送风的中效过滤器每3个月更换1次，初效过滤器每周清理1次，隔离器每6个月清洗消毒1次，经灭菌检查合格后再将动物移入饲养。

(三) 隔离器的日常工作

（1）每个隔离器内的饲养盒位置应相对固定，不要随便更换位置。

（2）干净的物品应放在进风口侧，用过的物品应放在出风口处。

（3）一般每周换垫料2次，每次操作完毕必须清理隔离器内部，保持整洁。

（4）每日应定时检查饮水、饲料，并及时补充。

（5）做好谱系记录，以鼠盒为单位做好繁殖、供应及转送记录。

（6）及时填写隔离器内应传入物品及传入日期，以便提前做好灭菌等项准备。

（7）定期取样送检做微生物检查。隔离器灭菌检查，定期对隔离器四壁、手套、出进风口做涂抹标本，进行细菌检查。每月取动物新鲜粪便进行细菌和寄生虫检查。传入的饲料、垫料、饮水取样放在试管中进行细菌检查。每只淘汰、死亡尸体进行全面尸检。

（8）定期检查薄膜室空气压力和定期更换过滤器的过滤材料。

（9）一旦发生停电，立即将全部过滤器的外口用橡皮塞塞紧。停电时间长者，计算每隔4 h输氧1次，记录每次输氧时间和容量。恢复供电时，打开过滤器外口的橡皮塞，使隔离器正常工作。同时，要做好事故、采取措施及隔离器内异常情况的记录。当发现隔离器漏气时，必须立即找出漏气的原因，并记录漏气的部位、漏气孔的大小、发现的时间、采取的紧急措施、执行人及事故发生后微生物检查的结果等。

二十五、独立送风笼具的使用管理

（一）IVC操作使用前的准备工作

（1）启动超净工作台风机，净化台内环境，打开工作照度灯。

（2）检查超净工作台中已准备的各种灭菌饲养用品和实验物品（饲料、垫料、水及实验用品）是否齐全。若需更换笼盒，检查灭菌笼盒准备情况，并用不锈钢推车移至超净工作台移门边。

（3）检查喷雾器喷洒效果及超净台内外擦抹用的药液是否配置好。

（4）打开房间内排风系统，排除打开笼盒时逸出的有味气体。

（5）检查IVC机组各仪表或读数，目视各笼盒内的动物情况，估测IVC运行情况。

（6）记录主要环境参数，如温度、相对湿度、笼盒内外压差等。

（二）IVC操作使用程序及操作规范

（1）工作人员戴好一次性口罩、帽子及医用乳胶手套。戴手套前应洗净手及指甲，若指甲太长应适当修剪，以免戳破医用乳胶手套。

（2）用双手轻轻抬起IVC笼盒外端，沿笼架搁挡向外移出笼盒，放在超净工作台的不锈钢推车上。

（3）用药液喷雾器充分喷洒双手手套外表及IVC笼盒的外面，消毒灭菌并粘住表面的尘埃，防止进入超净台时被层流气体吹扬。也可用戴手套的双手浸入药液容器中，捞起并拧干药液毛巾，擦干手套外液滴，同时擦拭笼盒的外表。

（4）打开超净工作台移门（高度满足笼盒进入），把笼盒移入超净工作台。

（5）适当拉下超净工作台移门（高度满足操作者两手活动自如），打开IVC笼盒盖，侧放在一边。

（6）目视笼盒中动物的生活情况，做出添料、加水、换盒及动物实验的选择。

①添加饲料。啮齿类动物为自由采食（因实验需要，限量供给除外），添加时，加满料斗即可，也可根据动物的数量，一次加料维持3 d左右。

②饮用水。一般一瓶250 mL的水可维持4~8只小鼠3 d。断水的主要原因是饮水口漏水，防止断水的关键是选择优质水瓶和灌水后拧紧瓶盖。打开笼盒，取出水瓶，更换1瓶清洗过水瓶并经灭菌的饮用水。也可用经过灭菌的空瓶，在超净台中直接通过龙头灌装超滤酸化水，装毕，关龙头阀门，防止泄漏，以免腐蚀超净工作台台面。

③更换笼盒。由于笼盒内换气次数高，带走了盒内水分，保持了盒内垫料干燥及空气清爽，笼盒一般可延长到1~2周更换1次。必要时，更换笼盒，铺放适量灭菌垫料，添加饲料及饮用水，盖上盒盖，扣紧笼盒搭扣，送回IVC笼架，对准笼架进出风口沿笼架搁挡，轻轻推入，接口后在笼架固定钮内放下即可。最后把原笼盒上的动物卡片移插至新的笼盒上，并把换下的笼盒集中外运处理。更换笼盒时，也可顺便检查一下盒盖上的终端过滤器情况，并进行适当处理（互相对换、换膜等）。

④动物实验。按上述方法，打开笼盒盖，在超净工作台内再次对戴有乳胶手套的双手用75%浓度的乙醇棉球擦拭消毒。从笼盒中取出动物，放在小动物手术台上，固定、麻醉、手术、止血、缝合，或灌药、注射、采血，或处死、解剖、取标本等。实验完毕，顺便检查一下动物饲料、饮水及笼盒的污染情况，做出加水、加饲料、加垫料或换窝的选择。

（三）操作注意事项

（1）操作之前，工作人员须使用75%的乙醇进行手消毒。

（2）使用0.5%过氧乙酸或75%乙醇对超净台"工作面"进行消毒，或紫外灯照射30 min后启动"超净台"电机。

（3）动物饲育盒必须在超净台内方可打开，更换水瓶、加饲料、动物观察、动物给药等都必须在超净台内进行；操作过程应该是无菌操作，防止微生物污染。

（4）超净台使用完毕，使用消毒药进行消毒，停机。

（5）每次工作完毕，对设施进行清洁卫生，同时对设施内空气进行喷雾消毒。

（6）本系统所用的饲料、垫料、饮用水、饲育盒都必须经过灭菌处理。为了延长使用期，饲育盒可用0.5%过氧乙酸浸泡式喷雾灭菌。

（7）遇设备故障或停电等突发事故，必须尽快打开动物饲育盒上"生命口"上的盖子，以防动物窒息而死亡。设备恢复正常后，重新盖好"盖子"。

（8）通过送风机箱上的"送风量"调节钮来调整送风量，一般情况下，维持空气压力在15~25 Pa。当空气压力不能维持在100 Pa时，请更换或清洗高效过滤网。

第二节 管理制度

一、兰州畜牧与兽药研究所标准化实验动物场开放管理规定（试行）

为加强我所标准化科研实验平台的开放管理工作，辅助做好科研项目的实施和过程管理，提高研究水平及科研设施的利用率，促进我所科研工作大发展，特制定本规定。

第一条 标准化实验动物场的开放贯彻"学术自由、项目自治、适度监控"的原则，充分尊重研究人员的科研设计和研究方法，充分尊重研究项目的自主管理，尽最大可能为项目的实施提供服务，按照科研管理相关法律法规对项目实施过程进行监控，必要时提出审查意见。

第二条 标准化实验动物场面向所内外的科研团体、研究单位、研究人员以及相关业务机构开发，最大限度地发挥科学实验资源的效益。优先支持本所研究人员和在所研究生开展科研活动，积极承担合作单位委托的研究项目，在空间资源和设施正常运转的许可下受理所外研究人员申请的自主研究项目。

第三条 标准化实验动物场开展的研究项目需要经过实验动物伦理委员会的审核，符合相关要求；也需要进行登记备案，符合科学研究的道德规范；研究过程接受监督检查，留存原始研究档案。

第四条 标准化实验动物场提供常用实验动物和饲料垫料等耗材，实行统一供应，特殊动物和特殊饲料必须符合准入要求，并提供相关的质量合格证和技术证明，且饲养规范必须遵守SPF级标准。

第五条 标准化实验动物场提供有偿技术服务，SPF级实验室运行过程中产生动力燃料费、环境质量监控技术费等需要项目组部分承担，从业人员培训费和技术证明证书费按相关规定由项目组承担，实验材料费由项目组全额承担。

第六条 标准化实验动物场实行预约、登记、审批制度，研究人员应事先向办公室预约，填报《实验/动物预约申请单》《实验动物伦理审查表》和简要研究方案，标准化实验动物场根据预约顺序安排日期。

第七条 标准化实验动物场原则上不受理预实验，鉴于实验资源有限，超负荷运行状态持续性存在，建议预实验在其他平台进行，方案成熟后进入SPF级实验室实施；原则上不得延期，对特殊需要延期进行的项目，项目组必须提出书面申请，获得批准后继续进行。

第八条 标准化实验动物场开展实验研究的人员必须接受上岗前培训且考核合格，培训内容包括实验动物伦理知识、动物实验基本要求和技术、SPF级实验室管理规定、项目管理及基本要求和科研经费的使用办法等。

第九条 实验实施过程中必须严格遵守SPF级实验室的各项规章制度，严格按照实验技术SOP完成工作，违规操作造成的经济损失由实验申请人员全部承担，按照有关规定予以赔偿。

第十条 本规定由平台建设与保障处负责解释，自2023年7月1日起实施。

二、标准化实验动物场科研实验工作须知

第一条 进入本实验场工作、考察、学习的所有人员，均须遵守本工作须知，并接受管理人员的统一指导和安排。

第二条 在本实验场开展科学实验之前必须熟悉常用实验动物和动物实验基本技能和相关技术，尽可能完成预试验，熟悉实验技术方案和操作要点。

第三条 在本实验场开展相关工作必须熟悉本实验场的工作流程，确保各环节衔接顺畅。

第四条 进入实验场保持安静，注意文明礼貌，要求穿着工作服，工作服要求整洁、得体。

第五条 进入实验场不得擅自动用相关仪器设备和安全设施，必须认真学习有关安全条例和技术操作规程方可开展操作。

第六条 不准在实验场吸烟、饮食，不准随地吐痰和乱扔杂物，对实验废弃物要及时清扫，并按要求妥善处理。

第七条 安全用水用电，不得乱拉电线；做好防火、防触电等工作。

第八条 进入实验场必须注意安全保卫，非实验室工作人员和实验实施人员不得进入实验室，不得私自配备实验室的钥匙，不得将本实验室的仪器设备和实验用品转借或租赁给他人。

第九条 易燃、易爆、有毒、有害等危险品和与实验无关的物品不得带入实验室，进入实验室的物品必须符合要求，主动申请进行消毒和安全处理。

第十条 实验室空调、冰箱严格按照规范使用，严禁在实验室电脑上玩游戏、看电影，严禁擅自安装软件和拷贝数据。

第十一条 每日最后离开实验室的人员要负责检查水、电、门窗、空调等有关设施的关闭情况，确认安全无误，方可离开，并做好记录。

第十二条 违反以上诸条，一经发现，立刻停止实验，并通报相关部门进行处理，造成的经济损失由试验人员全额赔偿。

三、标准化实验动物场洗消间工作职责

第一条 负责洗涤消毒设施设备的安全使用和日常保养维护。

第二条 负责实验物料（饲料、垫料、外购动物等）的卫生检查和消毒工作。

第三条 负责实验服装的消毒、穿戴、整理和归档工作。

第四条 负责进入实验室人员的洗浴、消毒和准入检查。

第五条 负责实验器具（笼具、工具等）的消毒管理工作。

第六条 负责实验区隔离区和人流物流通道的清洁消毒工作。

第七条　负责出库动物的管理和认领工作，做好记录。
第八条　负责教学实验用动物的认领和派送工作。
第九条　负责用水、用电安全。
第十条　协助从业人员培训，协助本试验场其他工作。

四、屏障系统管理规范

（一）人员进出屏障环境的管理规范

第一条　进入屏障系统的工作人员必须持有实验动物从业人员上岗证或经过相关培训。
第二条　屏障系统内工作人员要养成无菌观念和清洁卫生习惯，经常洗头冲澡、剪指甲，男士禁止蓄留胡子进入屏障内。
第三条　感冒、腹泻及皮肤外伤等患病者要待恢复健康后方可进入屏障内清洁区。
第四条　吸烟或酒后30 min内禁止进入洁净区。
第五条　实验人员进出屏障系统时，须在登记本上填写姓名、目的、进出时间、携带物品。
第六条　禁止化妆进入屏障内，所有个人物品如钥匙、手表、饰品、通信工具等禁止带入清洁区。
第七条　刷牙、漱口、入淋浴室淋浴，彻底冲洗，时间不少于10 min，淋浴完毕后入无菌更衣室，打开灭菌包用灭菌毛巾擦干后分别戴上口罩、帽子，穿上内衣裤和连体的太空服、鞋套、拖鞋，将用过的毛巾灭菌包扔回淋浴室，随手关门，浸泡双手，戴上消毒手套。入风淋室风淋，进入清洁走廊—内准备室（提取所需用品）—饲育室、实验室进行工作。（进入动物实验室程序，除了不必淋浴外，均参照上规定执行）。
第八条　严格执行人流管理规定，随手关门，严禁两扇门同时打开，以保证压差的维持。
第九条　非屏障系统的相关人员禁止进入本区域。
第十条　工作完毕后，将废弃物品等随人从非清洁走廊退出。

（二）动物进出屏障环境的管理规范

第一条　实验动物必须从有生产许可证的单位采购，引种应向国家规定的供种单位引进。
第二条　必须明确购入动物的品种（系）、性别、体重、数量、级别，购入的时间及动物质量合格证、动物遗传背景资料等。
第三条　动物进出屏障系统时，必须严格按照动物流程序操作。
第四条　动物到达后，检查运输盒的密封情况，对照订货条件进行验收。
第五条　将运输盒外表面用消毒液（0.05%~0.2%新洁尔灭或3%~5%来苏尔或75%酒精等）彻底擦拭消毒，放入传递窗，喷洒0.5%过氧乙酸溶液，用紫外线灭菌灯照射后，在传递窗打开外包装，将动物移入饲养盒内，并贴上标签，在隔离检疫室观察饲养1周，未见异常后转入饲养室或实验室，动物运输盒由传递窗传出或随人一起传出。

第六条　实验结束后，动物尸体传出应该放至指定的位置，统一集中环保处理。

第七条　已迁出动物实验室外的动物（无清洁包装）禁止再迁入动物实验室。

第八条　传出动物时，用已灭菌过的带过滤装置的专用运输盒装入动物后，封口胶布封严。

第九条　将传出动物的品种（系）、性别、日龄、体重、微生物等级等有关资料写在动物标签上，并将标签贴于运输盒盖上，从污染走廊传出。

（三）物品进出屏障环境的管理规范

第一条　凡进入屏障设施内的一切物品都必须严格灭菌处理，必须严格按照设计的流向路线进入，未按规定处理的任何物品不能进入清洁区。

第二条　凡是可以清洗的物品（如饲养盒、饮水瓶等），在消毒灭菌处理前必须进行彻底的清洗。

第三条　根据物品的性质可分别通过高压蒸汽灭菌器和传递窗、渡槽两种不同的途径消毒灭菌后进入。

第四条　消毒灭菌后的物品分别从高压蒸汽灭菌器、传递窗及渡槽的洁净区的内门取出，放在内准备室备用。

第五条　禁止将未灭菌的纸张和笔带入屏障内，必要的实验记录纸和资料应使用的专用纸，并灭菌后传入。

第六条　必须携带进入实验室的仪器、试剂等均需按有关程序实验完毕后，搬入的仪器设备若不使用时，应尽快搬出实验室。

第七条　实验人员实验时，如使用对人体或环境有毒、有害的材料、试剂、感染性病原微生物时，必须事先声明，经动物实验室负责人审定后按规定程序带入，不得擅自夹带进入。

第八条　屏障内所用的器材、仪器等原则上不要轻易搬出。

第九条　屏障内各区域使用的任何工具、用具必须是专室专用，不要交叉使用。

第十条　消毒灭菌过的物品储存时间不宜过长，一般在7天内用完最好。

第十一条　使用后废弃的物品和更换的笼具、饮水瓶等从污物走廊搬出。

（四）日常卫生管理规范

第一条　每次工作完毕，必须先清扫干净屏障内地面上落下的饲料和木屑，使用当日消毒液对屏障内所有地面，进行拖地消毒，以地面拖湿而不积水为准。将废弃物带出实验室以便及时处理。每天都要定时对屏障内空气进行紫外灯消毒。

第二条　每次工作完毕，对工作车、实验桌、电子秤、用过的仪器（如大、小鼠固定器等）表面彻底消毒，随时保持工作面的整洁、卫生。

第三条　每周至少使用消毒液对饲育架、笼盖搽抹消毒1次，以不积灰尘为准；每周对门的内外侧面、门框、把手、天花板、四周墙壁彻底搽抹消毒1次；每月对天花板、四周墙壁除尘消毒1次；每周对屏障内空气喷雾消毒1~2次。动物实验室，为了避免消毒药剂对动物实验结果的影响，不进行喷雾消毒（指有动物饲养在该实验室时），但每周对两个走廊、内准备室、两个更衣室、风淋室等喷雾消毒1次。

五、标准化实验动物场饲料管理制度

第一条 采购饲料时，根据仓管员汇总的各种饲料需要量到有生产许可证的饲料生产商联系购买。购入的饲料要符合国家实验动物饲料质量标准GB 14924.1—2001。饲料到货时，需与仓管员认真验收货物数量并查看饲料袋上标签。饲料袋标签必须标明饲料名称、原料组成、净重、生产日期、保质期、企业名称等，并附有近期检验报告。

第二条 保持饲料库干燥、凉爽、通风换气，做好日常防鼠、防蛀、防霉等工作。

第三条 及时采购各种饲料原料，饲料库存量不能过多，贮存时间要适当。

第四条 各种饲料应分批、分类堆放整齐，严禁与有毒有害物品同存。

第五条 饲料账目要清楚，及时登记每次进料和发料的种类和数量。饲料的进出要有准确、详细的登记，做到账目清楚，账与物相符，发放要依据先进先出的原则进行。

第六条 所用饲料都应经过消毒，使饲料合乎卫生标准；对于二级以上动物的饲料则必须彻底灭菌。高压灭菌饲料，每袋饲料要装有灭菌效果指示纸，使用时应检查无误后方可使用。对无菌饲料要了解消毒方法、消毒效果、消毒日期，每批饲料使用前，须做无菌检验；使用时要检查包装有无破损，消毒时间超过7天或包装破损不许使用。消毒后的饲料贮存时间不准超过7天。^{60}Co照射消毒饲料一般经过渡槽传进，通过检查包装是否浸湿来确定包装有无破损。

第七条 饲料贮存：注意贮存日期、方法，应贮存在冷库或阴凉、通风、干燥的库房，贮存期一般不超过15天。

第八条 定期按国家或地方标准对饲料产品和原料的含水量、营养成分、有毒有害物质进行抽样检测。

第九条 饲料和饲料库设有专人管理，及时整理清扫，及时维护机器和工具；注意安全生产。饲料库要有防鼠和防虫设备。

六、标准化实验动物场停电应急预案

意外断电直接影响到实验动物生产、使用单位的正常工作。本实验场配有紧急备用发电系统，断电时，一方面通知单位内的电工或请电力公司紧急抢修，另一方面应始终保持备用发电机处于良好的工作状态，每月定日、定时人为断电，演练备用发电机是否正常，以做到常备不懈。当紧急备用发电系统无法立即启动，应帮助实验和饲养管理人员迅速离开动物实验区或饲养区。屏障系统长时间停电可造成温度、湿度和空气异常，严重时，动物因缺氧、高温、高湿而死亡。动物设施的电力设施应有接地线装置，以防漏电伤及工作人员。如不慎触电，抢救者应先关掉漏电电源再行抢救。平时所有人员应有安全用电知识。注意区分高、低压电，若为高压电，仅由具有专业知识的电工操作，非专业人员应避免触、碰或操作。以免因操作不当或了解不够而伤及自身安全或导致更大的漏电灾害。在操作开、关电源时，应注意本身及场所是否具备干燥、绝缘等不导电要素。

第一条　在接到停电通知的情况下，事先将停电线路、区域、时间等情况通知实验室每一位成员；同时，实验室人员应做好停电前的应变工作。将所有仪器插头全部从插座中拔出；必要时关闭实验室内电闸，或者关闭楼层总电闸。

第二条　在没有接到任何通知、突然发生停电的情况下，实验室人员应立即确认是内部故障停电还是外部停电。若系内部故障停电应立即派人查找原因采取措施，防止故障扩大；若系外部停电一方面要防止突然来电引发事故，另一方面致电电力局查询停电情况，了解何时恢复供电并将了解的情况通知实验室主管人员。

第三条　加强夜间和节假日值班，巡卫人员应与实验室人员配合，定期检查线路，防止火灾隐患。

七、标准化实验动物场停水应急预案

第一条　在接到停水通知的情况下，事先将区域、时间等情况通知实验室每一位成员。同时，实验室人员应检查开关和水龙头是否关闭，做好停水前蓄水及应变工作。

第二条　在没有接到任何通知、突然发生停水的情况下，实验室人员应立即确认是内部故障停水还是外部停水。若系内部故障停水，应立即派人查找原因采取措施，联系锅炉房维修，防止故障扩大；若系外部停水，一方面要防止突然来水引发事故，另一方面致电供水公司查询停水情况，了解何时恢复供水，并将了解的情况通知实验室主管人员。如果1 d内无法恢复供水，联系供应室准备灭菌处理过供动物饮用的水。

第三条　做好应急预案启动记录。加强夜间和节假日值班，巡卫人员应与实验室人员配合，定期进行检查供水管道和供水阀门，发现异常要及时维护。平时做好维护和定时更换特殊过滤装置，定期检查水质，保证水质安全。

八、火警应急预案

第一条　当办公室接收到消防设备报警或人员报警时，应立即通知当值秩序维护巡逻人员赶往现场核实。

第二条　秩序维护巡逻员到达现场后，将情况及时反馈监控中心，报清具体位置（楼层、房间、公共走道、设备机房等），并仔细全面地检查现场，若火警成立，立即通知班长、主管及办公室并使用就近灭火器材投入灭火工作。

第三条　办公室立即拨打"119"。报警时应报清楼宇名称、门牌号码、所处位置、燃烧物性质及面积、电话号码、报警人姓名等。门岗人员负责指引消防队由最近通道进入现场，并根据其需要介绍楼宇火警情况，配合好灭火工作。

第四条　主管接警后调配人手赶赴现场设立警戒线，做好火场警戒工作，严禁实验人员和学生及无关人员进入楼宇。

第五条　若楼宇某区域着火，保留办公室和重要部位值班人员，其他岗位人员立即到达现场，选用针对性灭火器材，运用已掌握的消防技能投入救火工作。

第六条　办公室员工通知实验人员和学生（可使用对讲系统、广播通报），让实验人

员和学生从消防通道疏散。疏散路线上设立岗位，引导和护送实验人员和学生有顺序地离开，同时，班长派人检查疏散情况，楼层中是否仍有人逗留，必须逐层确认无人方可离开。

第七条　各部门须严格执行各项命令（如：迫降电梯，启动消防联动设施）。灭火器材若无法控制火势，应接消防栓、水枪；通知消控室人员启动消防泵或喷淋系统进行扑救。

第八条　火灾扑灭后，做好现场保护工作并配合检查，调查失火原因，统计火灾损失，由主管、班长做好书面报告，上报研究所负责人。

第九条　将扑救情况，结果和善后处理情况做好书面报告逐级上报。

九、生物安全风险评估及应急方案

（一）总则

1. 编制目的

为快速有效应对突发实验动物生物安全事件，最大限度减轻突发实验动物生物安全事件对公众健康、实验动物生产和使用等造成的损害，保障群众生命及财产安全，维护公共安全及社会稳定。

2. 编制依据

根据《中华人民共和国动物防疫法》《重大动物疫情应急条例》《实验动物管理条例》《国家突发重大动物疫情应急预案》《甘肃省实验动物管理办法》《甘肃省动物防疫条例》《甘肃省突发公共事件总体应急预案》《甘肃省突发重大动物疫情应急预案》《甘肃省突发实验动物生物安全事件应急预案》等，制定本预案。

3. 适用范围

本预案适用于我所科研区域内从事实验动物使用（科研、教学、校定和其他科学实验）突发生物安全事件的应急处置工作。

4. 工作原则

以人为本、减少危害。把保障公众健康和生命财产安全作为处置突发实验动物生物安全事件的首要任务，最大限度地减少事件对公众及社会的损害。

统分结合、分级响应。突发实验动物生物安全事件的应急处置工作在研究所突发实验动物生物安全事件应急领导小组的统一领导下开展。根据事件的性质、规模和响应等级，成立相应级别的突发实验动物生物安全事件应急领导小组进行处置。

预防为主、安全操作。引导各研究室、团队在实验动物使用过程中认真遵守《实验动物管理条例》，科学试验、安全操作。

（二）事件分级

根据事件性质、危害程度、涉及范围，划分为重大（Ⅰ级）事件、较大（Ⅱ级）事件和一般（Ⅲ级）事件。

1. 重大突发实验动物生物安全事件（Ⅰ级）

有下列情形之一的为重大突发实验动物生物安全事件（Ⅰ级）。

（1）我所科研区域内实验动物使用单位发生一类、二类动物疫病。

（2）实验室动物发生人畜共患烈性传染病，并有扩散趋势。

（3）相关联的实验技术人员或工作人员受到感染并确诊。

（4）Ⅰ级（1）（2）（3）发生发病或疑似发病动物丢失事件。

2. 较大突发实验动物生物安全事件（Ⅱ级）

有下列情形之一的为重大突发实验动物生物安全事件（Ⅱ级）。

（1）我所科研区域内实验动物使用单位发生三类动物疫病及实验动物主要传染疾病，对实验动物使用造成重大影响。

（2）在1个实验室内发生1例以上实验动物烈性传染病。

（3）Ⅱ级（1）（2）发生发病或疑似发病动物丢失事件。

3. 一般突发实验动物生物安全事件（Ⅲ级）

有下列情形之一的为重大突发实验动物生物安全事件（Ⅲ级）。

（1）我所科研区域内实验动物使用单位发生实验动物其他疫病，对实验动物使用造成较大影响。

（2）在1个实验室内发生一般动物传染病。

（3）Ⅲ级（1）（2）发生发病或疑似发病动物丢失事件。

（三）组织体系

1. 研究所突发实验动物生物安全事件应急领导小组

发生重大突发实验动物生物安全事件后，报请甘肃省实验动物管理办公室（省动管办）同意，由研究所组织科研管理处和基地管理处等部门成立中国农业科学院兰州畜牧与兽药研究所突发实验动物生物安全事件应急领导小组，统一领导、指挥和协调事件应急处置工作。

发生重大或较大突发实验动物生物安全事件（Ⅰ级）后，由研究所会同甘肃省实验动物管理办报请甘肃省政府，请省政府统一领导、指挥和协调事件应急处置工作。

2. 日常工作机构

中国农业科学院兰州畜牧与兽药研究所突发实验动物生物安全事件应急领导小组依托科研管理处和基地管理处成立，科研管理处负责科研人员的培训宣传，基地管理处负责实验动物房日常管理工作。

（四）报告

从事实验动物使用的研究室，团队科研人员和研究生，有义务及时向各研究室，团队以及相关管理部门报告突发实验动物生物安全事件情况或事件隐患。研究所突发实验动物生物安全事件应急领导小组名单和联系方式张贴在使用实验动物楼层走廊墙壁或实验室显眼位置。

1. 责任报告单位

实验动物使用的研究室、团队。

2. 责任报告人

（1）实验动物生产使用单位生物安全负责人员。

（2）从事实验动物使用、运输等工作的人员。

（3）实验动物监管部门的服务人员。

3. 报告时限和程序

实验室或团队科研管理人员发现疑似实验动物生物安全情况时，应立即向研究所突发实验动物生物安全事件应急领导小组报告。研究所突发实验动物生物安全事件应急领导小组向甘肃省实验动物管理办报告。

4. 报告内容

突发实验动物生物安全事件发生的单位、地点，涉及实验动物的品种、来源、数量、临床表现、是否感染人员，已采取的应急措施，报告单位和个人联系方式等。

（五）应急响应

1. 响应原则

发生突发实验动物生物安全事件后，研究所突发实验动物生物安全事件应急领导小组按照分级响应的原则做出相对应的应急响应。同时，根据不同突发实验动物生物安全事件的性质和发展趋势，及时调整相应级别。

发生突发实验动物生物安全事件的单位，应迅速启动应急处置工作方案，立即停止相关实验动物生产、使用并及时按程序报告，采取有力处置措施，全力控制事态发展，最大限度地降低并减少人员伤亡、经济损失和对社会安全的影响。

未发生安全事件的实验动物使用关联单位，接到相关事件情况通报后，应采取必要的预防控制措施，并服从应急领导小组的统一调派。

2. 分级响应

听从研究所突发实验动物生物安全事件应急领导小组的统一领导、指挥和协调重大突发实验动物生物安全事件的应急处置工作。

3. 响应终止

根据研究所突发实验动物生物安全事件应急领导小组、甘肃省实验动物管理办以及相关单位的评估，确定事件隐患和相关危险因素消除后，由研究所突发实验动物生物安全事件应急领导小组批准并发布突发实验动物生物安全事件应急响应终止，同时报研究所和相关主管部门。

（六）后期处理

1. 总结评价

突发实验动物生物安全事件应急响应终止后，研究所突发实验动物生物安全事件应急领导小组会同相关部门组织有关方面专家对事件应急处置情况进行评价总结，形成书面报告。

2. 恢复工作

评价总结工作结束后，事件责任单位委托第三方检测机构检测合格后，报甘肃省实验动物管理会验收合格，方可重新引进实验动物、恢复实验动物使用工作。

（七）保障措施

实验动物使用单位应储备必要的药品、疫苗、诊断试剂、实验动物扑杀用具、安全防护用品、消毒药品和用具等应急物资，并做好应急物品的储备管理工作。

宣传教育

科研管理处应采取多种形式，向研究室。团队科研人员大力宣传实验动物生物安全知识和突发事件应急处置知识。组织实验动物生产使用单位应加强应急处置知识学习、演练，定期对有关人员培训。

（八）奖惩

第二十条　研究所突发实验动物生物安全事件应急领导小组对在突发实验动物生物安全事件应急处置工作中做出突出贡献的先进集体和个人，要给予表彰奖励；实验动物使用的研究室、团队科研人员未按照规定报告疫情的，研究所突发实验动物生物安全事件应急领导小组对在事件的预防和处置过程中存在玩忽职守、失职渎职等行为的责任人员给予处分，情节严重的移交有关行政执法部门，构成犯罪的依法追究刑事责任。

（九）附则

1. 名词解释

（1）实验动物是指经人工饲养、繁育，对其携带的微生物及寄生虫实行控制，遗传背景明确或者来源清楚，用于科研、教学、生产和检定以及其他科学实验的动物。

（2）突发实验动物生物安全事件是指在实验动物生产以及利用实验动物开展科研、教学和检定等活动过程中，突然发生的实验动物感染病原体或因实验动物导致人员感染病原体并发生疫病的事件。

2. 预案管理

本预案由基地管理处，科研管理处联合签发，并根据实际情况变化及时修订。

各实验动物使用实验室，团队科研人员须根据本预案认真学习，严格遵照本预案相关条款。

3. 实施时间

本预案自发布之日起实施。

附表1：兰州畜牧与兽药研究所标准化动物实验场突发实验动物生物安全事件报告

附表2：兰州畜牧与兽药研究所标准化动物实验场突发实验动物生物安全事件报告受理记录

附件3：兰州畜牧与兽药研究所标准化动物实验场突发实验动物生物安全事件报告流程图

附表1　兰州畜牧与兽药研究所标准化动物实验场突发实验动物生物安全事件报告

报告单位			
报告人		报告时间	
现场联系人		电话	

实验动物发病时间、地点：

动物保存总量：

动物死亡数：

动物体征症状：

已采取措施：

其他：

报告受理处理：

　　　　　　　　　　　　　　　　　　年　　月　　日

报告单位法人签字

单位签章

　　　　　　　　　　　　　　　　　　年　　月　　日

附表2　兰州畜牧与兽药研究所标准化动物实验场突发实验动物生物安全事件报告受理记录

报告单位			
报告人		报告时间	
现场联系人		电话	

实验动物发病时间、地点：
动物保存总量：
动物死亡数：
动物体征症状：
已采取措施：
其他：
报告受理处理意见：   　　　　　　　　　　　　　　　　　　　　　年　　月　　日
报告甘肃省实验动物疫情处置（暂行）机构领导小组组长：   报告时间：　　年　　月　　日　　联系电话：

附件3：兰州畜牧与兽药研究所标准化动物实验场突发实验动物生物安全事件报告流程图

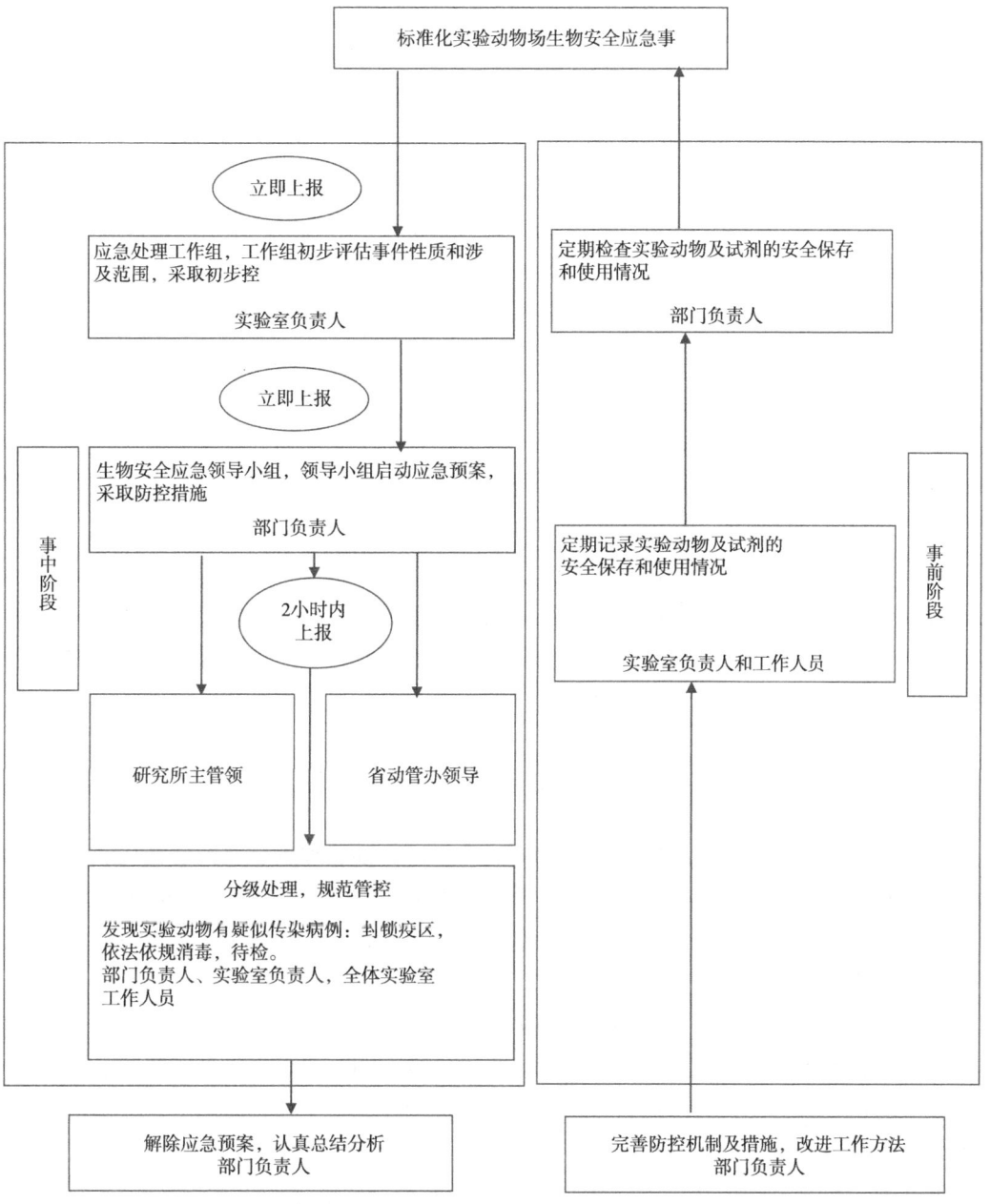

十、实验动物管理及伦理委员会章程

(一) 总　　则

第一条　为了提高实验动物管理工作质量，加强实验动物福利与伦理审查工作，尊重实验动物生命，维护实验动物福利伦理，依据《实验动物管理条例》（科学技术委员会令第2号；1988）和科学技术部发布《关于善待实验动物的指导性意见》（国科发财字〔2006〕398号）以及《甘肃省实验动物管理办法》等有关规定，参考国际动物实验伦理惯例，结合研究所实际，制定本章程。

第二条　实验动物管理及伦理委员会是负责提出我所实验动物发展规划建议，指导监督我所实验动物生产、使用和审查实验动物福利伦理的管理机构，以下简称委员会。

第三条　本章程所称实验动物是指经人工饲养、繁育，对其携带的微生物及寄生虫实行控制，遗传背景明确或者来源清楚，应用于科学研究、教学、生产和检定以及其他科学实验的动物。本章程适用于在我所从事实验动物生产、科研、检测的所有人员。国家法律法规另有规定的，按照有关规定执行。

第四条　本章程所称实验动物福利与伦理是指善待实验动物，使其免遭伤害、饥渴、不适、惊恐、折磨、疼痛的行为和措施，包括提供良好的管理与照料、清洁舒适的生活环境、充足健康的食物和水、避免或减轻其疼痛和痛苦等行为。

第五条　实验动物管理及伦理委员会宗旨是遵循国际通行的动物福利和伦理准则，贯彻执行国家和甘肃省有关实验动物管理法律法规和政策，维护本机构实验动物福利，规范实验动物管理和伦理审查，以及实验动物从业人员的职业行为。本所各类实验动物的饲养和动物实验，均应先经实验动物管理及伦理委员会审查，获得委员会的批准后方可开始，并接受监督检查。

(二) 组织机构

第六条　实验动物管理及伦理委员会成员由本所行政管理者、实验动物从业人员、兽医和熟悉相关法律的人员担任，设主任1名，副主任1名，秘书1名，委员若干名。每届任期4年，可以连任。根据工作需要，人员可适时调整，单位负责聘任、岗前培训、解聘，并及时补充成员。

第七条　主任委员主持审查委员会的工作，负责组织委员会年度会议、召集重大项目评审活动及临时会议，签发或授权兽医签发审查决议；副主任委员协助主任委员工作；主任委员可授权副主任委员行使职责；秘书负责协助主任委员（或授权的副主任委员）处理相关业务工作。

第八条　委员会实行重大事项决议制，凡研究决定重大事项，须有占全体委员会2/3以上的委员出席，并经1/2以上到会委员通过方为有效。每年根据需要召开审查会议，议程包括：对新申报涉及实验动物项目的管理及福利伦理申请进行审查；提交实验动物管理、伦理审查工作总结、年度计划及其他事项。遇重要事项可临时召开会议。

第九条　委员会的办公室下设在标准化动物实验场，负责日常工作、年度工作计划、工作总结和档案管理。

(三) 实验动物管理及伦理委员会职责

第十条　贯彻执行国家和地方有关实验动物管理及实验动物福利伦理的法规、规章、标准；指导制定、审议实验动物管理及伦理委员会章程、有关实验动物工作的各项管理制度和操作规程。

第十一条　根据检验工作和科研工作的需要，指导制定和审议我所实验动物工作发展规划、年度工作计划以及监督审查我所实验动物福利伦理工作。

第十二条　根据工作需要召开会议，讨论审议和解决与实验动物有关的重大事项。

第十三条　根据国家相关标准管理实验动物生产、使用设施，监督本所实验动物生产和使用，督促实验动物从业人员按照要求饲养和使用实验动物。

第十四条　依据动物伦理审查规定和审查程序，委员会对动物实验项目进行审查，在兼顾动物福利和动物实验者利益，综合评估动物所受的伤害和使用动物的必要性基础上进行科学评审，并出具伦理审查报告。

第十五条　提供有关实验动物人道饲养、环境设施条件和动物实验方案优化等方面的咨询。

第十六条　负责维护动物福利，保障生物安全，防止环境污染，防止实验动物传染病和人畜共患病的发生。

第十七条　鼓励和支持科技人员开展动物实验替代方法的研究，促进实验动物福利伦理工作。

第十八条　根据工作需要进行实验动物从业人员的专业培训，提高业务素质。

第十九条　对严重违反实验动物管理和福利伦理的部门和个人，对其做出限期整改决议，并可作为科研不端行为公示及记录在册。对肆意虐待实验动物情节严重者提出处分意见，直至终止其实验。

(四) 审查管理规定

第二十条　管理及伦理审查依据的基本原则

1. 动物保护原则

对动物实验目的、预期利益与造成动物的伤害、死亡进行综合的评估。禁止无意义滥养、滥用、滥杀实验动物。制止没有科学意义和社会价值或不必要的动物实验；倡导"3R"原则，优化动物实验方案，减少不必要的动物使用数量；在不影响实验结果的科学性、可比性情况下，采用动物实验替代方法，使用低等动物替代高等动物，用非脊椎动物替代脊椎动物，用组织细胞替代活体动物，用分子生物学、人工合成材料、计算机模拟等非动物实验方法替代动物实验。

2. 动物福利原则

采取有效措施，为动物提供充足、健康的食物、饮水，以及清洁、舒适的生活环境，保证动物能够实现自然行为和受到良好的管理与照料。各类实验动物管理要符合该类实验动物的操作技术规程。

3. 伦理原则

应充分考虑动物的利益，善待实验动物，防止或减少动物的应激、痛苦和伤害，尊重动物生命；制止针对动物的野蛮行为；动物实验方法和目的符合人类的道德伦理标准和国际惯例，采取痛苦最小的方法处置动物。实验动物项目要保证从业人员的安全。

4. 综合性科学评估原则

（1）公正性。审查工作应该保持独立、公正、科学、民主、保密的原则，不受商业和自身利益的影响。

（2）必要性。各类实验动物的饲养和使用或处置必须有充分的理由。

（3）利益平衡。以当代社会公认的道德伦理价值观，兼顾动物和人类利益，在全面、客观地评估动物所受的伤害和应用者由此可能获取的利益基础上，负责任地出具实验动物或动物实验伦理审查报告。

第二十一条　根据《实验动物管理条例》的要求，对实验动物从业人员应按照相关规定参加委员会组织的各类培训，学习了解相关法律法规及各种规章制度，熟悉实验动物学专业基础理论知识、相关专业知识和专业技能，熟悉实验动物生物学特性等；对待实验动物，相关从业人员应善待和爱护，做到科学、合理、人道地使用实验动物，严禁虐待实验动物，杜绝粗暴行为。

第二十二条　实验动物设施环境及设备管理

（1）实验动物饲养和动物实验必须在安全卫生、满足动物生长发育、确保实验动物质量和动物实验的科学性、准确性的环境中进行，各项环境参数必须符合国家标准规定。

（2）实验动物的生产与使用设施，必须取得许可证，并按照有关规定进行年检。

（3）笼具应选用无毒、耐腐蚀、耐高温、易清洗、易消毒灭菌的材料制成，笼具内外边角均应圆滑、无毛刺，内外壁光滑平整。笼具应符合实验动物生物学特性的要求，确保笼内每只动物都能自由活动。笼具应有足够大的空间，笼具最小空间应不低于国家标准的规定。用于特殊试验的实验动物饲养笼具，应符合其特殊试验的具体要求。

（4）实验动物饲养人员应每天对各项环境参数进行记录，发现问题及时报告负责人，并采取有效措施予以纠正。要密切观察出现的问题可能对实验动物福利伦理造成的影响。对出现的问题和纠正措施要有详细、完整的记录，并按要求归档保存。

第二十三条　实验动物饲养管理

（1）实验动物饲养人员和使用人员必须遵守各项规章制度，按照标准操作规程进行操作。

（2）除科研和检验项目的特殊需要，必须根据实验动物对营养的需要给予充足的饲料和饮水。普通级动物饮用城市生活用水，普通级以上动物饮用无菌水。饲料应来自有"实验动物饲料生产许可证"的生产单位。无国家标准的实验大动物饲草料，实验团队可自行采购。

（3）必须为实验动物提供尘埃少、无异味、无毒、无菌、无油脂、吸湿性好的优质垫料。垫料应定期更换，保持干燥、松软状态，使实验动物有舒适感。实验动物饲养用具必须定期清洗消毒，如有破损、滴漏，应及时更换。

（4）实验动物饲养人员每天应对所管理的实验动物进行认真观察，发现行为、精神状态或健康状况异常时，应查找原因并妥善处理。

第二十四条　实验动物运输管理

（1）实验动物的运输应符合安全、舒适、卫生的原则。

（2）应通过最直接的途径完成实验动物的运输。在装运时，实验动物应最后装上运输工具，到达目的地时，应最先离开运输工具。运输实验动物应使用具备空调装置的专用运输工具。

（3）应有专人负责实验动物运输全过程，保证动物快捷、安全到达目的地。无论采用何种方式运输实验动物，都应把动物放在适宜的笼器具里，严禁采用捆绑或其他紧固的方式。笼具应能防止实验动物逃逸或其他动物进入，运送普通级和SPF级实验动物的笼具还应具有防止外界微生物侵袭的装置。

（4）实验动物运输时，不宜与感染性微生物及害虫等货物一起混装。应避免实验动物暴露在有毒、有害气体或其他有损实验动物健康的环境中。

第二十五条　实验动物使用管理

（1）根据检验和科研工作的需要，提出订购实验动物的具体要求（包括品种、品系、年龄、性别、体重和数量等）。不得以任何理由订购超出检验和科研工作需要的实验动物，或弃用所订购的实验动物。

（2）因检验和科研工作需要对动物饮食进行限制时，必须有充分的理由。在限食、限水期间，饲养人员应配合实验人员密切观察实验动物生活状态，避免实验动物发生急性或慢性脱水现象。

（3）实验动物运抵单位后，饲养人员和使用人员按照有关操作规程保证动物在最短的时间内转入屏障环境或动物房。使用人员按照实验要求进行分组，提供饲料和饮水。

（4）为便于操作而对实验动物实施保定时，应遵循"温和保定，善良抚慰，减少动物痛苦和应激反应"原则。

（5）在不影响实验操作的前提下，对实验动物的行为限制程度应减少到最低，尽可能避免或减轻给动物造成的与实验目的无关的疼痛、痛苦及伤害。在对实验动物进行采样、活体外科手术、解剖和器官移植时，如无特殊要求，必须实施麻醉措施。

（6）在不影响实验结果判定的情况下，应选择"动物试验仁慈终点"，避免实验动物继续承受无谓的疼痛。实验结束时采取安死术处理实验动物，方法包括：注射法、吸入法、击昏放血法和颈椎脱臼法等。实验动物尸体及废物应做无害化处理，并做详细记录。

第二十六条　有下列情况之一的，委员会不得批准其生产繁育实验动物或使用动物进行试验。

（1）缺少实施动物实验项目必要性的或造成动物伤害的客观理由的。

（2）不提供足够举证或申报审查材料不全或不真实的。

（3）从事直接接触实验动物的生产、运输、研究和使用的人员未经过专业培训或明显违反实验动物福利伦理原则要求的。

（4）实验动物的生产、运输、实验环境达不到相应等级的实验动物环境设施国家标准的；实验动物的饲料、笼具、垫料不合格的。

（5）动物实验项目的设计或实施不科学。没有利用已有的数据对实验设计方案和实验指标进行优化，没有科学选用实验动物种类及品系、造模方式或动物模型以提高实验的成功率。没有采用可以充分利用动物的组织器官或用较少的动物获得更多的实验数据的方法；没有体现减少和替代实验动物使用原则的。

（6）动物实验项目的设计或实施中没有体现善待动物、关爱动物生命，没有通过改进和完善实验程序，减轻或减少动物的疼痛和痛苦，减少动物不必要的处死和处死的数量。在处死动物方法上，没有选择更有效地减少或缩短动物痛苦的方法。

（7）活体解剖动物或手术时不采取麻醉方法的；对实验动物使用一些极端的手段或会引起社会广泛伦理争议的动物实验。

（8）动物实验的方法、目的与结果不符合我国传统的道德伦理标准或国际惯例或属于国家明令禁止的各类动物实验。

（9）对人类或任何动物均无实际利益并导致实验动物极端痛苦的各种动物实验。

（10）没有充分理由对同一内容进行重复实验的。

（11）对有关实验动物新技术的使用缺少道德伦理控制的，违背人类传统生殖伦理，把动物细胞导入人类胚胎或把人类细胞导入动物胚胎中培养杂交动物的各类实验；以及对人类尊严的亵渎、可能引起社会巨大伦理冲突的动物实验。

（12）严重违反实验动物福利伦理审查原则的其他动物实验。

（五）督查制度

第二十七条 为了安全、有效、合理地保障实验动物福利，委员会对审查通过项目实行不定期检查制，不定期检查采取查阅申请资料，实地检查方式进行。

第二十八条 检查主要围绕科研、检测人员在动物实验中是否按照审定的研究方案进行，并对实验的关键环节进行监督。

第二十九条 委员会应指定一至两名有关委员对审查通过的项目进行不定期检查，重点监督实验的关键环节、手段是否与审定的研究方案相符。必要时伦理委员会可组织全体或部分委员实地检查关键实验环节。

第三十条 委员会在督查中发现有违反动物福利伦理的问题时可提出批评和整改建议，对问题严重者可召开伦理委员会临时会议，提出批评或处理意见；对模范遵循伦理原则取得良好成效的部门和个人，伦理委员会可提请有关部门给予表扬。

第三十一条 委员会成员在督查中应重证据、重调查研究、实事求是、客观公正地处理问题。

（六）工作纪律

第三十二条 委员会独立开展工作，不受任何实验参与者影响。

第三十三条　委员会的工作受有关法律法规的约束。

第三十四条　委员会应在接到申请后，由办公室根据需要提请委员审查或召开审查会议，依据实验动物福利伦理审查制度做出审查结论并签发实验动物福利伦理审查结果告知书。

第三十五条　委员会审查、批准、监督研究者对项目方案的启动、实施和修改。

第三十六条　委员会应对研究中发生的任何严重不良事件高度重视，并给予指导性处理意见。

第三十七条　委员会的所有会议及其决议均应有书面记录，连同其他的申请材料一并归档保存，档案应及时编册，实行登记制。

（七）附　　则

第三十八条　相关术语

（1）实验动物。经人工饲养、繁育，对其携带的微生物及寄生虫实行控制，遗传背景明确或者来源清楚的，应用于科学研究、教学、生产和检定以及其他科学实验的动物。

（2）实验动物福利。指善待实验动物，即使其免遭伤害、饥渴、不适、惊恐、折磨、疼痛的行为和措施，包括良好的管理与照料，为其提供清洁、舒适的生活环境，提供充足的、保证健康的饮食、饮水，避免或减轻其疼痛和痛苦，应用实验动物进行生命科学研究符合伦理等。原则包括：让动物享有不受饥渴的自由、生活舒适的自由、不受痛苦伤害的自由、生活无恐惧感和悲伤感的自由以及表达天性的自由。

（3）动物实验伦理。是指为推动科学发展和社会进步，在保证动物实验结果科学、可靠的基础上，运用一般伦理学的道德原则来评价和解决实验动物使用过程中因人们的活动对实验动物产生的不利影响，规范科学研究行为。

（4）3R原则。即"减少、替代、优化"原则，该原则是国际上公认的实验动物使用原则，是实验动物福利的重要组成部分。其中：

减少（Reduction）：是指如果某一研究方案中必须使用实验动物，同时又没有可行的替代方法，则应把使用动物的数量降低到实现科研目的所需的最小量。

替代（Replacement）：是指使用低等级动物代替高等级动物，或不使用活着的脊椎动物进行实验，而采用其他方法以达到与动物实验相同的目的。

优化（Refinement）：是指通过改善动物设施、饲养管理和实验条件，精选实验动物、技术路线和实验手段，优化实验操作技术，尽量减少实验过程对动物机体的损伤，减轻动物遭受的痛苦和应激反应，使动物实验得出科学的结果。

（5）安死术。是指用公众认可的、以人道的方法处死动物的技术。其含义是使动物在没有惊恐和痛苦的状态下安静地、无痛苦地死亡。

（6）仁慈终点。是指动物实验过程中，选择动物表现疼痛和压抑的较早阶段为实验的终点。

第三十九条　本章程由实验动物管理及福利伦理委员会负责解释。

第四十条　本章程自公布之日起施行。

十一、实验动物伦理审查管理办法

第一条　为了维护实验动物福利，规范实验动物伦理审查和实验动物从业人员职业行为，制定本办法。

第二条　所有有关动物实验的项目必须进行伦理审查。

第三条　实验动物管理及伦理委员会（以下简称委员会）负责对动物实验方案进行伦理审查和评估。

第四条　有关实验动物的研究以及各类动物实验的设计、实施过程都应符合动物福利和伦理原则。

第五条　审查依据实验动物福利伦理审查的基本原则，兼顾动物福利和动物实验者利益，在综合评估动物所受的伤害和使用动物的必要性基础上进行科学审查，并出具伦理审查结果告知书。

第六条　伦理审查按照中国农业科学院兰州畜牧与兽药研究所实验动物管理及伦理委员会章程和伦理审查程序进行。

第七条　项目负责人向委员会正式提交审查申请书（申请书在所网站下载），委员会秘书受理，申请在获得伦理委员会的批准后，动物实验方可开始。

第八条　各类动物实验必须接受委员会的日常监督检查。

第九条　委员会对批准的动物实验项目应进行日常的监督检查，发现问题时应明确提出整改意见，严重者应立即做出暂停实验动物项目的决议。

第十条　项目结束时，项目负责人应向委员会提交该项目伦理终结审查申请，接受项目的伦理终结审查。

第十一条　对实验动物福利伦理审查未通过的，申请者或被检查者可以补充新材料或改进后申请复审。

第十二条　任何个人或部门均可反映或举报涉及违反实验动物伦理的实验项目。委员会尊重和维护当事人的正当权益，保护举报人的隐私。

第十三条　参加伦理审查与评估工作的专家在认真履行工作职责时应当廉洁自律，坚持科学客观、公正公平的原则。一经发现和查实专家有滥用职权、弄虚作假等情况的，将取消其伦理审查的资格，并通报批评。

第十四条　审查决议一式两份，项目负责人一份，委员会秘书处存档一份。

十二、实验动物伦理审查程序

第一条　为维护实验动物福利伦理，规范福利伦理审查工作，依据国家和甘肃省有关法律法规、标准等，并参考国际惯例，根据研究所实际情况，制定本程序。

第二条　本程序适用于研究所实验动物生产繁育、检验和科研项目中的实验动物福利伦理申请审查工作。

第三条　开展实验动物生产繁育和动物实验的部门或项目负责人必须向研究所实验动

物管理及伦理委员会提出申请，填写实验动物福利伦理审查申请书，接受审查。获得批准后方可进行有关工作，并接受日常的监督检查。

第四条　实验动物管理及福利伦理委员会负责受理申请，依据实验动物福利伦理审查制度做出审查结论。

第五条　申请审查项目涉及动物生产繁育以及与动物实验相关的各类科研、检测项目。

第六条　项目以创新团队或课题组为单位，由相关团队首席或课题负责人填写申请书。

第七条　受理。研究所实验动物伦理委员会办公室自接到申请书后即为受理。

第八条　审查和签发

（一）项目由办公室指定委员审查或召开审查会议，对符合要求的项目，由主任委员或授权的副主任委员签发。审查和签发的周期为10个工作日。

（二）对有争议的项目，由主任委员主持召开有1/2以上委员参加的审查会议，应尽量采用协商一致的方法或根据少数服从多数的原则做出决议。必要时，委员会可要求申请者现场答疑。审查通过后，申请者应根据委员会意见对申请书内容进行修改，并在5个工作日内再次提交，由主任委员签发。

（三）福利伦理审查结果的签发以实验动物福利伦理审查结果告知书的形式书面通知申请人，该告知书一式两份，一份通知申请人，一份保存于实验动物管理及伦理委员会办公室。

第九条　终结审查

项目结束时，相关负责人应向委员会提出福利伦理终结申请，接受福利伦理终结审查，由主任委员或授权的副主任委员在申请书的"项目终结审查"栏目中签字。因各种原因需要延期，申请内容没有变化，只需填写项目年度延期审查备案申请书即可；若实验条件（动物品种、数量、实验操作过程、动物处死方法等）发生变化时，须重新申请。

第十条　委员会应依据审查制度，兼顾动物福利和实验者利益，在综合评估动物所受伤害和使用动物必要性的基础上进行科学评审，并做出审查结论。

第十一条　对实验动物福利伦理审查未通过项目，申请者可在修改、补充新材料后申请复审。

第十二条　审查委员会秘书负责文件和档案管理工作，所有文件在项目结束后归档保存。

第十三条　在项目实施过程中，如发现存在违反审查制度的行为，委员会将对其负责人提出限期整改的通知，并作为警示，信息记录在申请书内。在规定的期限内仍不改正者，应通过相关管理部门建议，责令其停止动物实验。情节严重者，交业务主管部门做出相应处理。

第十四条　如涉及动物实验的有关项目有特殊要求时（如与国外合作项目），依照有关规定执行。

第十五条　本程序由实验动物管理及伦理委员会负责解释。

第十六条　本程序自公布之日起施行。

中国农业科学院兰州畜牧与兽药研究所动物实验福利伦理审查申请表

Application format for Ethical Approval for Research Involving Animal of Lanzhou Institute of Husbandry and Pharmaceutical Sciences of CAAS

编号：＿＿＿＿＿＿＿

申请人填写的相关信息（Related information filled by applicant）	申请单位 Name of organization			
	申请人 Applicant			
	联系电话 Telephone			
	申请日期 Applicantion date	年　　月　　日		
	实验名称 Experiment title			
	拟实验时间 Experiment date	年　月　日　至　年　月　日		
	拟实验场地 Experiment site			
	动物来源 Source of animal			
	品种品系 Species of strain		等级 Grade	
	数量 Number	♂＿＿只、♀＿＿只，共＿＿只	规格（体重或年龄） Specifications	
	实验要点：包括研究方法概述、主要观测指标、麻醉药品使用（禁止使用国家禁用麻醉药品）、实验结束后处死动物的方法等（Outline of experiments，experimental methods，observational index，executing animal method et. al）： 研究方法概述： 主要观测指标： 实验动物的处死及尸体的处理：			

申请者声明 Announcement of applicant	我将自觉遵守实验动物福利伦理原则，随时接受实验动物伦理委员会的监督与检查，如违反规定，自愿接受处罚。 （I will abide by the rules of animal experimental ethics, accept the supervision and inspection of the animal experimental ethics committee, and accept the punishment if any infringement.） 申请者签名： 　　年　　月　　日	
审查依据 Inspection contents	1.该项目是否必须用实验动物进行实验，即能否用计算机模拟、细胞培养等方法替代动物或用低等动物替代高等动物进行实验（Does laboratory animal must be used in the project? Could other methods such as computer simulation, cell culture or using the low-grade animal instead of the high—grade animal?） 2.表中所填申请人资格和所用动物的品种品系、质量等级、规格是否合适，能否通过改良设计方案或用高质量的动物来减少所用动物的数量（Are the qualification of applicant, species or strain, grade and specifications of animals suitable? Could the quantity of animals be reduced by improving the study design or using high quality animals?） 3.能否通过改进实验方法、调整实验观测指标、改良处死动物的方法，来优化实验方案、善待动物（Could the study design and animal treatment be refined by ameliorating experimental method, adjusting observational index.executing animal method?）	
审查结果 Results of inspection （是否同意申请人意见）	审查人意见 Attitude of Ethical Reviewer	签名： 　　年　　月　　日
	实验动物伦理委员会意见 Attitude of Animal Care Welfare Committee	（盖章） 　　年　　月　　日
备注： Remark		

说明：

（1）编号由科技管理与成果转化处分配并填写。

（2）表格所有填写内容请用签字笔填写或电脑打印（签名处除外）。

（3）需随本表递交相关审查资料如实验方案、课题标书等。要求写明项目的意义、必要性、项目中有关实验动物的用途、饲养管理或实验处置方法、预期出现的对动物的伤害、处死动物的方法、项目进行中涉及动物福利和伦理问题的详细描述。

（4）本表一式三份，申请人一份，科技管理与成果转化处一份，动物实验室一份。

十三、标准化实验动物场实验动物预处理室管理及处罚制度

第一条　使用前在标准化实验动物场进行登记。

第二条　实验动物预处理室不允许饲养动物，只作为处死动物和采集动物标本的场所。

第三条　不能私自开关空调和排气扇等设备。

第四条　使用过的笼具和水瓶要彻底清洗干净。

第五条　进入实验动物预处理室时必须穿工作服和实验鞋，不得穿硬底鞋、高跟鞋。

第六条　做实验时应保持实验室内整洁、卫生并及时将室内动物尸体组织及废弃物清除。

第七条　实验后的动物尸体组织要用黑色塑料袋封装，在药理与毒理实验室登记后存放在冰柜内。

第八条　实验结束的当天，要对实验动物预处理室的卫生进行彻底打扫，并检查电源是否完全关闭，经动物场人员检查通过后方可离开。

第九条　从动物室搬运动物时，不能将粪便遗留在楼梯及楼道内。

第十条　违反以上任何一条规定者，罚款100元，情节严重者会议讨论决定处理。

十四、标准化实验动物场SPF级动物实验室内规章及处罚制度

第一条　两扇门不能同时打开，开门后请随手关门。

第二条　衣服、口罩、手套严格按要求穿戴好，头发不得露出帽子外面。

第三条　进入室内不得随意取下口罩、手套。

第四条　进入实验室之前，请将自己所需物品准备好，进去后不得再从原路返回。

第五条　实验产生的废弃物于当日带出。

第六条　水料由工作人员负责，如需禁水禁食，请与工作人员联系或写挂牌通知。不得在室内高声喧哗。

第七条　关门，请轻关轻开。

第八条　进入更衣室之前须脱鞋，禁止将鞋穿进室内。

第九条　每周对清洁区的12个实验室，清洁走廊，清洁准备室，两个次清洁走廊，两个更衣室及风淋室共17个区域的卫生进行打扫并进行检查。

第十条　违反以上任何一条规定者或不按照要求执行者，罚款100元，情节严重者会议讨论决定处理。

十五、SPF级动物实验室洗消间违规处罚制度

第一条　实验人员不得穿自己的拖鞋进入，也不允许穿出洗消间的拖鞋。

第二条　进出更衣室须登记，脱鞋后方可进入。

第三条　做完实验返回洗消间，清洗自己带出的盒子和面罩并放到规定位置。手套须

洗过后放入规定的地方，衣服轻脱轻放。

第四条　眼镜须紫外线照射30 min才能拿走。

第五条　凡能高压的物品请在使用前一天交给工作人员高压，不得私自以其他方式带入，有些物品须用消毒液泡后方可进入（如：某些未开封的液体药品、不耐高温的塑料制品等）。

第六条　电脑以及较大型的实验仪器既不能高压又不能用消毒剂浸泡的，须熏蒸进入，请在使用前一天交给工作人员负责处理。

第七条　每周对非清洁区东西两个楼道（防盗门至楼顶门口）、洗消间、楼顶平台共4个区域的卫生进行打扫并检查。

第八条　违反以上任何一条规定者或不按照要求执行者，罚款100元，情节严重者会议讨论决定处理。

参考文献

冯书堂，2011. 中国实验用小型猪[M]. 北京：中国农业出版社.

霍勇，陈明，2011. 心血管病实验动物学[M]. 北京：人民卫生出版社

李厚达，2003. 实验动物学（第二版）[M]. 北京：中国农业出版社.

卢宗藩，1983. 家畜及实验动物生理生化参数[M]. 北京：中国农业出版社.

秦川，2015. 医学实验动物学（第2版）[M]. 北京：人民卫生出版社.

孙德明，李根平，陈振文，等，2011. 实验动物从业人员上岗培训教材[M]. 北京：中国农业大学出版社.

徐国景，唐利军，易工城，等，2008. 实验动物管理与实用技术手册[M]. 武汉：湖北科学技术出版社.

章金涛，金树兴，杜春燕，2014. 医学实验动物学[M]. 郑州：郑州大学出版社.